탐구한다는 것

사랑하는 하람에게

너머학교 열린교실 02

남창훈 선생님의 과학 이야기 # 탐구한다는 것

남창훈 글 강전희 · 정지혜 그림

너머학교

사람은 자연학적으로는 단 한 번 태어나고 죽지만 인문학적으로는 여러 번 태어나고 죽습니다. 세포의 배열을 바꾸지도 않은 채 우리의 앎과 믿음, 감각이 완전 다른 것으로 변할 수 있습니다. 이것은 그리 신비한 이야기가 아닙니다. 이제까지 나를 완전히 사로잡던 일도 갑자기 시시해질 수 있고, 어제까지 아무렇지도 않게 산 세상이 오늘은 숨을 조이는 듯 답답하게 느껴질 때가 있습니다. 내가 다른 사람이 된 것이지요.

어느 철학자의 말처럼 꿀벌은 밀랍으로 자기 세계를 짓지만, 인간은 말로써, 개념들로써 자기 삶을 만들고 세계를 짓습니다. 우리가 가진 말들, 우리가 가진 개념들이 우리의 삶이고 우리의 세계입니다. 또 그것이 우리 삶과 세계의 한계이지요. 따라서 삶을 바꾸고 세계를 바꾸는 일은 항상 우리 말과 개념을 바꾸는 일에서 시작하고 또 그것으로 나타납니다. 우리의 깨우침과 우리의 배움이 거기서 시작하고 거기서 나타납니다.

아이들은 말을 배우며 삶을 배우고 세상을 배웁니다. 그들은 그렇게 말을 만들어 가며 삶을 만들어 가고 자신이 살아갈 세계를 만들어 가지요. '열린교실' 시리즈를 준비하며, 우리는 새로운 삶을 준비하는 모든 사람들, 아이로 돌아간 모든 사람들에게 새롭게 말을 배우자고 말하고자 합니다.

무엇보다 삶의 변성기를 경험하고 있는 십대 친구들에게 언어의 변성기 또한 경험하라고 말하고 싶습니다. 이번 시리즈를 위해 우리는 자기 삶에서 언어의 새로운 의미를 발견한 분들에게 그것을 들려 달라고 부탁했습니다. 사전에 나오지 않는 그 말뜻을 알려 달라고요. 생각한다는 것, 탐구한다는 것, 느낀다는 것, 믿는다는 것, 기록한다는 것, 꿈꾼다는 것, 읽는다는 것……. 이 모든 말들의 의미를 다시 물었습니다. 그리고 서로의 말을 배워 보자고 했습니다.

'열린교실' 시리즈가 새로운 말, 새로운 삶이 태어나는 언어의 대장간, 삶의 대장간이 되었으면 합니다. 무엇보다 배움이 일어나는 장소, 학교 너머의 학교, 열려 있는 교실이 되었으면 합니다. 우리 모두가 아이가 되어 다시 발음하고 다시 뜻을 새겼으면 합니다. 서로에게 선생이 되고 서로에게 제자가 되어서 말이지요.

2010년 봄 고병권

차례

1마이크로미터 크기로
작아지고 싶다!

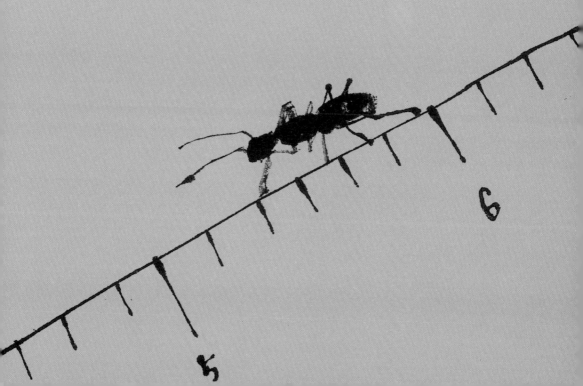

저는 조금 생뚱맞은 꿈이 하나 있습니다. 딱 5분 동안만 1마이크로 미터 크기로 되어 보는 것이지요. 1마이크로미터, 어느 정도 크기인지 짐작이 가나요? 여러분이 갖고 있는 눈금자의 가장 작은 단위는 1밀리미터일 것입니다. 1마이크로미터란 1밀리미터의 1천분의 1 크기를 말합니다. 정말 작은 크기지요. 왜 그렇게 작아지고 싶냐고요? 그 이유를 말하다 보면 제 소개가 되겠군요.

저는 길이 1마이크로미터, 두께가 그것의 200분의 1인 5나노미터 정도인 박테리오파지를 가지고 실험실에서 실험을 하는 과학자랍니다.

박테리오파지는 박테리아를 숙주 삼아 기생하는 일종의 바이러스지요. 박테리아보다는 세균이라는 말이 더 익숙하겠네요. 세균 역시 아주 작아서 우리 눈으로 직접 볼 수 없습니다. 이러한 세균에 기생하는 생명체라면 크기가 얼마나 작을지 짐작이 가지요? 박테리오파지는 이 세상에 존재하는 가장 작고 단순한 생명체랍니다.

그런데 제가 정말 꼭 풀고 싶은 의문이 있습니다. 바로 박테리오파지가 박테리아 속으로 들어갈 때 과연 어떤 일이 벌어지는가 하는 점입니다. 이 의문을 해결하면 생명의 여러 가지 비밀을 풀 수 있기 때문이지요.

박테리오파지가 박테리아 안에서 증식하려면 일단 박테리아 안으로 들어가야 합니다. 박테리아 표면에 있는 섬모에 박테리오파지의 머리 부분이 달라붙으면, 섬모는 박테리오파지를 박테리아 몸속으로 들여보내 줍니다. 이 과정까지 5분 정도 걸립니다. 그런데 그 바로 다음 순간 박테리아 안에서 어떤 일이 일어나는지 잘 알려져 있지 않답니다. 사실 여기서부터가 중요한 대목일 텐데 말이죠.

무슨 일이 일어나는지 상상해 보자면, 박테리오파지는 박테리아 안에서 일단 제 몸을 산산 조각낸 다음, 박테리아 안에 있는 여러 물질을 써서 자기 몸을 이루는 데 필요한 여러 단백질과 유전자를 만들어 내겠지요. 그리고 단백질과 유전자들은 마법에라도 걸린 듯 서로 질서 정연하게 달라붙어 새로운 박테리오파지를 만들어 낼 거예요. 그 박테리오파지는 결국 박테리아 밖으로 빠져나올 것입니다.

그런데 우리는 그 안에서 벌어지는 일들을 직접 눈으로 볼 수 없습니다. '정말 상상한 대로 그런 일이 펼쳐질까, 아니면 또 다른 신기한 현상이 있는 건 아닐까?' 이런 생각에 잠기면 딱 한 번만이라도 박테리오파지만큼 작아져 바로 그 순간을 직접 두 눈으로 보고 싶어집니다.

저는 박테리오파지를 가지고, 암을 치료하는 항암제나 어떤 병을 진단하는 데 필요한 항체를 개발하는 실험을 오랜 시간 동안 했습니다. 물론 실험을 하면서 어려움을 겪거나 좌절할 때도 많았지요. 하지만 그런 문제를 극복하도록 해 준 것은 다름 아닌 머릿속에서 쉴 새 없이 흘러나왔던 질문들이었습니다.

제 실험은 끊임없이 질문이 솟아나는 샘물과도 같았습니다. 어떤 질문이 머릿속에 차오르면 그 질문을 풀기 위해 여러 가지 실험을 수도 없이 되풀이합니다. 그러다 답이 될 만한 실마리를 잡는 순간이 오지요. 그 실마리는 꼭 암벽 등반을 하는 데 쓰이는 밧줄과 같습니다. 거기에 매달려 조금씩 올라가다 보면 작은 봉우리의 정상이나 움푹 팬 평지 같은 곳에 이르게 됩니다. 작은 답 하나를 얻게 된 것이지요.

답을 발견하는 순간, 마치 산 정상에 올라 저 아래를 내려다보며 기쁨에 들뜨는 것 같은 경험을 합니다. 하지만 탐구의 등산에는 끝이 없습니다. 하나의 답은 언제나 또 다른 질문들을 던져 주는 법이니까요. 그 질문을 풀기 위해 실험을 다시 시작하지요. 이 일이 즐겁냐고요? 물론입니다.

이제부터 제 경험을 바탕으로, 자연과 세계를 탐구한다는 것이 얼마나 멋진 여행인지 여러분과 함께 나누고 싶습니다.

탐구 여행을 위한 준비물

탐구한다는 것은 질문하는 것이다

"중요한 것은 질문을 멈추지 않는 것이다."

아인슈타인이 한 말입니다. 사실 탐구는 질문에서 시작됩니다. 우리 마음에 어떤 의문이 들지 않는다면 그것을 알고자 애쓸 까닭이 없겠지요.

왜 모든 생명체는 나이를 먹으면 죽을까? 왜 하늘은 파랄까? 왜 손톱과 머리칼은 계속 자랄까? 왜 가을이 되면 나뭇잎이 떨어질까? 왜 가을 다음에는 겨울이 올까? 왜 비가 온 뒤 해가 뜨면 무지개가 나올까? 왜 우리 손가락은 열 개일까? 왜 더우면 땀이 날까? 왜 달은 모양이 늘 변할까? 왜 바닷물은 짤까? 왜 음식은 오래되면 상할까? 왜 사람마다 얼굴이 다르게 생겼을까? 왜 운동을 하고 나면 더울까? 왜 슬프면 눈물이 날까? 왜 들판에 부는 바람 소리와 숲을 가로지르는 바람 소리는 다를까? 왜 수박은 달고 레몬은 신맛이 날까?

왜? 왜? 왜? 질문은 끝이 없습니다. 여러분도 아주 어린 아이였을 때 쉬지 않고 엄마에게 "왜?"라는 질문을 했을 것입니다. 하지만 언

젠가부터 그 질문을 멈추게 되었을 테지요. 그 이유가 무엇일까요? 그 많던 질문에 대한 답을 알아냈기 때문일까요? 그렇다고 생각한 다면 앞서 제가 던진 질문들의 답을 알고 있는지 스스로에게 물어보세요. 아마도 그 답을 다 알고 있는 사람은 없겠지요?

그렇다면 왜 우리는 질문하는 것을 멈추었을까요? 그 이유를 말하기에 앞서 가만히 생각해 보아야 할 것이 있습니다.

질문의 답을 들으려면?

그것은 '질문하는 것'이 무엇을 의미하는지입니다. 아, 그냥 궁금한 것이 생겨서 질문을 던지는 건데 거기에 무슨 의미가 있나 싶기도 하겠지요. 하지만 곰곰이 생각해 보면 질문을 한다는 것은 대화를 나누는 일임을 알 수 있습니다. 질문은 혼자서 하는 게 아니라 누군 가에게 묻는 것이잖아요.

"왜 하늘은 파랄까?"라고 질문하는 것은 곧 하늘을 향해 말을 거는 것이겠지요. "왜 더우면 땀이 날까?"라고 질문할 때는 사람의 살갗과 그 아래에 있는 무언가를 향해 말을 거는 것이겠지요. 물론 하늘이나 살갗이 살아 있는 사람처럼 말로 대답하지는 않겠지요.

하지만 그 질문에는 하늘과 살갗만이 답을 해 줄 수 있어요. 하늘이나 살갗과 상관없이 우리가 상상하여 답을 얻을 수는 없을 테니까요. 그래서 질문을 하는 사람은 참을성 있게 그 대상이 던져 주는 답을 찾아내고 알아채려 노력해야 합니다.

우열의 법칙, 분리의 법칙, 독립의 법칙과 같은 유전 현상과 관련된 법칙을 발견하여 유전학을 개척한 멘델이라는 과학자가 있습니다.

그는 '부모에서 자녀에게로 유전이 어떻게 일어나는가?' 그러니까 '부모의 생김새나 성격, 체질이 어떻게 자녀에게 전해지는가?'라는 질문을 지니고 있었습니다. 멘델은 그 답을 찾기 위해 자신이 살던 수도원 뜰에 3만 그루에 가까운 완두콩을 심고 관찰했습니다. 7년이 넘게 말이지요.

멘델은 동그란 완두콩과 주름진 완두콩을 따로따로 나눈 다음 오랜 시간 동안 그것들끼리 따로따로 교배를 했습니다. 그 결과 동그란 순종 완두콩과 주름진 순종 완두콩을 얻었지요. 그리고 다시 이들을 섞어 교배를 했습니다. 그런 다음 동그란 완두콩과 주름진 완두콩이 각각 얼마씩 나올까 그 비율을 계산하였습니다.

계산한 결과, 동그란 완두콩과 주름진 완두콩의 비율은 신기하게도 1 : 1이 아니라 3 : 1이었습니다. 동그란 완두콩이 주름진 완두콩보다 더 많이 나온 것입니다. 이 결과를 통해 멘델은 우열의 법칙을 알아냈지요. 완두콩의 동그랗고 주름진 모양을 결정하는 유전 형질은 더 잘 드러나는 것과 잘 드러나지 않는 것이 있어서 이에 따라 유전한다는 법칙이지요.

멘델은 수만 그루의 완두콩을 기르고 옮겨 심고 교배하면서 자신이 던진 질문들에 대해 완두콩들의 대답을 기다린 것이지요. 완두콩들은 평상시에도 누구나에게 그 답을 들려줍니다. 하지만 누구나 멘델처럼 그 답을 알아채지는 못합니다. 왜냐하면 대부분의 사람들은 완두콩의 모양이 왜 다를까 궁금해하지 않기 때문입니다.

뚜렷한 질문을 가지고 탐구 대상과 쉼 없이 대화하는 부지런한 탐구자만이 그 대답을 들을 수 있는 것이지요.

질문하기는 호기심으로부터

질문을 하기 위해서 무엇보다 필요한 것은 호기심입니다. 어떤 대상에 호기심을 갖는다는 것은 그 순간 그 대상에 몰두하고 있다는 뜻이겠지요. 그 대상의 모습이나 특성에 대하여 끊임없이 궁금해하는 중이라는 말이지요.

스타크래프트 게임을 좋아하는 친구들이라면 스타크래프트 II가 새로 나왔을 때 엄청나게 호기심을 갖겠지요. 스타크래프트 II에는 어떤 새로운 유닛과 건물들이 있을까? 각 종족들은 얼마나 새로워졌을까? 관전 모드에 새로 추가된 오버레이 기능은 뭐지?

이런 질문들이 자연스럽게 생기는 까닭은 이전에 스타크래프트를

하면서 몰두해 보았거나 지금도 몰두하고 있기 때문이지요. 자신이 몰두하는 대상이 다른 모습으로 변할 때 우리는 궁금증을 갖습니다. 이 궁금증은 바로 호기심의 다른 표현입니다.

스타크래프트 II에 대한 궁금증을 가진 친구는 그 게임이 출시되면 다시 그 안에 담긴 새로운 가상의 세계에 몰입하겠지요. 또 자신과 비슷한 궁금증을 가진 사람들이 모인 카페나 블로그에서 의견을 나눌 것입니다. 스타크래프트에 대한 애정이 있기 때문에 이런 행동을 하겠지요. 그래서 호기심이란 애정이나 애착의 표현이라 할 수 있습니다. 자연과 세상을 탐구하는 일도 마찬가지입니다.

침팬지 연구로 유명한 제인 구달의 경우에서도 알 수 있습니다.

● 제인 구달(1934~)
영국의 동물학자로, 탄자니아에서 40년이 넘는 기간을 침팬지와 함께한 세계적인 침팬지 연구가이며, 환경 운동가이기도 합니다. 제인 구달을 생각하면 떠오르는 기억이 있습니다. 케임브리지의 킹스칼리지에서 강연을 듣고 그녀와 사진을 찍기 위해 줄을 섰습니다. 대략 헤아려도 족히 30~40명은 되는 사람들이 그녀와 인사를 나누고 옆에 앉거나 선 채 사진을 찍었습니다. 제 차례가 오기까지 30분은 기다린 것 같습니다.

('과학자 작은 사전(129쪽)'에서 이어집니다.)

어린 시절 제인 구달은 어머니에게 '쥬빌리'라는 침팬지 인형을 선물 받았습니다. 그녀는 쥬빌리에게 온갖 애정을 다 쏟아 부었습니다. 나이가 들자 그녀는 그 애정을 실제 살아 있는 침팬지들에게 돌리게 되었습니다.

제인 구달은 40년 넘게 아프리카 탄자니아에서 침팬지들과 함께 생활했습니다. 그 결과 침팬지의 언어를 이해하여 의사소통할 수 있었고, 그들의 무리 생활을 이해하게 되었지요. 처음에는 경계하던 침팬지들조차 나중에는 제인 구달을 친구처럼 여겼습니다.

그녀가 침팬지와 그들의 무리 생활에 끊임없이 호기심을 지닐 수 있었던 까닭은 바로 침팬지에 대한 깊은 애정 때문입니다. 사랑하는 마음이 있을 때에야 우리는 그 대상에 깊이 몰두할 수 있고, 그 대상에 대해 끊임없이 질문할 수 있습니다.

꼬리에 꼬리를 무는 질문

질문하기는 마치 여행이나 등산과 닮았습니다. 길을 찾을 때 '물어 물어 간다'는 말이 있지요. 어떤 대상을 탐구하고 질문을 던지는 일도 마찬가지입니다. 어떤 질문을 던지고 답을 얻으면 그다음 질문으로 나아갈 준비가 되었다는 뜻입니다. 단번에 모든 것을 아는 일은 불가능하겠지요.

헤모글로빈 구조를 발견한 막스 페루츠는 탐구하는 것을 등산에 비유하였습니다. 산을 오르며 끊임없이 발견하는 다양한 꽃들과 눈을 맞추고, 계곡을 따라 흐르는 시원한 시냇물에 목을 축이는 모든 과정이 곧 탐구의 참 과정이라고 말했습니다.

높은 산의 정상에 오르듯 어떤 원대한 목표를 정복하는 것이 중요하다고 생각하기 쉽지요. 하지만 막스 페루츠는 그렇게 생각하지 않았습니다. 탐구한다는 것은 길을 물어물어 찾아가듯 하나의 질문을 던지고 그에 답하고 다음 질문을 발견하여 다시 답하는, 하나로 이어지는 과정과 같다고 생각하였습니다.

50여 년 전 과학자 왓슨과 크릭이 DNA 구조를 밝혔습니다. 그리

● **막스 페루츠**(1914~2002)

오스트리아 빈에서 태어난 막스 페루츠는 빈 대학교를 다니던 중 영국 케임브리지 대학의 홉킨스 경이 탐구한 유기 생화학에 매료됩니다. 결국 케임브리지로 유학을 가서 과학자 J.D. 버널을 만납니다. 버널은 X선 회절 이론을 이용하여 생체 내에 있는 단백질 등의 구조를 밝히면 어떨까 하는 아이디어를 가지고 있었습니다.

('과학자 작은 사전(127쪽)'에서 이어집니다.)

고 DNA가 생명체를 구성하는 다양한 물질의 기본 정보라는 사실이 널리 인정되기 시작했습니다. '생명체를 구성하는 기본 정보는 무엇인가?'라는 질문에 대한 답을 얻은 것이죠.

이러한 해답은 아주 무궁무진한 다른 질문들을 불러일으켰습니다. DNA는 몸 안에서 어떤 과정을 통해 만들어지는가? DNA는 어떤 과정을 거쳐 생명체를 이루는 다양한 물질(단백질)로 바뀌는가? DNA가 인간과 같은 고등 동물에서 어떤 형태로 존재하는가? 어떤 과정을 통해 부모의 DNA가 자녀에게로 전달되는가? DNA는 어떻게 오랜 시간이 지나도 안정적으로 보존되는가? DNA에서 발견되는 돌연변이는 어떻게 생겨났을까?

마치 하나의 줄기에서 수없이 많은 뿌리가 뻗어 나오듯 하나의 답은 또 다른 질문들을 낳습니다. 그래서 마치 넓은 강물에 징검다리를 건너듯, 험한 산비탈에 돌계단을 오르듯 하나의 의문이 풀리면 그를 디디고 다음 질문을 하게 됩니다.

의심, 생명을 불어넣는 마법사의 물

영국 왕립 학회의 모토는 '다른 사람의 얘기를 그대로 믿지 말라 (Nullius in verba).'입니다. 탐구한다는 것은 사람들이 철석같이 믿고 있는 사실을 당연하게 받아들이지 않고 의심하는 일을 뜻합니다.

파스퇴르가 살던 시대 사람들은 미생물이 저절로 발생한다고 믿었습니다. 권위 있는 학자들도 예외는 아니어서 이러한 믿음을 학설로 굳혀 놓기까지 했습니다. 하지만 파스퇴르는 권위에 따르지 않고 실험을 통해 반론을 폈습니다.

파스퇴르는 멸균시키지 않은 육즙은 발효가 되었지만, 멸균시킨 육즙에서는 발효가 일어나지 않고 원래의 맛과 모습을 계속 유지한다는 사실을 알아냈습니다. 생명이 없는 육즙이 변형되어 생명체인 미생물이 발생하는 것은 불가능하다는 사실을 보여 준 것이지요. 미생물이 무생물로부터 자연적으로 발생되는 것이 아니라 사람처럼 생명을 지닌 고유한 존재라는 사실을 입증했습니다.

의심은 마법사의 물과 같습니다. 의심을 하는 순간 죽어 있던 진실이 생명을 얻고 살아나기 시작하니까요. 그렇다고 밑도 끝도 없이 의심만 해야 한다는 이야기는 아닙니다. 모두가 옳다고 주장하는 이야기라도 틀릴 수 있다는 사실을 잊지 말아야 한다는 것입니다.

우리 주위에는 당연한 상식이 되어 우리의 생각을 지배하고 있는 믿음들이 있습니다. 여러분은 텔레비전을 통하여, 교과서를 통하여, 어른들의 이야기를 통하여 하나둘씩 받아들입니다. 하지만 그 믿음이 모두 진실일까요?

"자유 낙하를 하는 두 물체 중 더 무거운 것이 더 빨리 땅에 떨어진다."

아리스토텔레스는 이렇게 주장하고, 대부분의 사람들은 이 주장을 별 의심 없이 받아들였습니다. 하지만 갈릴레이는 이 주장에 의문을 품었습니다. 그리고 여러 번의 실험을 통해 모든 물체는 그 무게에 관계없이 똑같은 속도로 자유 낙하한다는 사실을 증명해 냈습니다.

코페르니쿠스 역시 누구나 믿고 따르던 프톨레마이오스의 생각, 즉 우주의 중심이 지구라는 생각에 의심을 품었습니다. 그리고 지동설을 통해 지구는 태양을 중심으로 도는 행성임을 밝혀냈습니다.

이처럼 탐구하는 것은 우리를 둘러싸고 있는 잘못된 믿음에 의심을 품고, 새로운 가설을 세우고 실험을 통해 입증하여 그 잘못을 바로잡는 일을 뜻합니다.

길을 찾는 등불, 상상력

한 번도 가 본 적이 없는 미지의 곳에 한 걸음 한 걸음 발을 내디딜 때 필요한 것은 무엇일까요?

용기, 순발력, 뛰어난 두뇌……. 여러분이 외치는 소리가 들리는 것 같네요. 용기나 뛰어난 두뇌만큼이나 중요한 것이, 아니 그보다 더 중요한 것이 상상력이 아닌가 생각합니다.

"논리는 당신을 A 다음 B로 가도록 해 준다. 하지만 상상력은 당

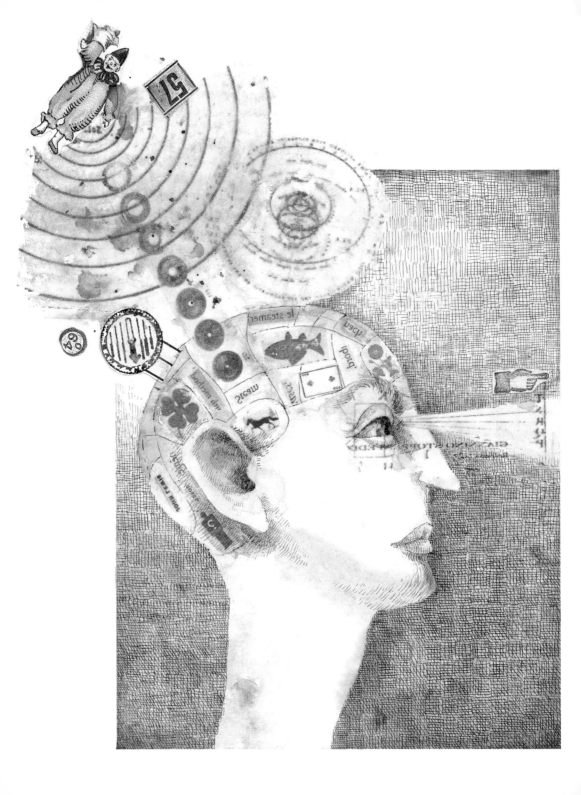

신을 어떤 곳으로든 다 인도해 준다."

아인슈타인이 한 말입니다. 원자만큼 작은 것부터 우주만큼 큰 대상까지 우리를 둘러싼 많은 사물 가운데 우리가 눈, 코, 귀로 확인하고 느낄 수 있는 것은 사실 아주 적습니다. 눈, 코, 귀로 확인할 수 없는 대상을 탐구할 때, 상상력은 아주 큰 힘을 발휘합니다.

1마이크로미터 크기로 작아지는 것이 제 꿈이라 얘기했지요. 사실, 실현 불가능한 꿈입니다. 하지만 저는 1마이크로미터의 세계를 상상할 수 있습니다. 그 세계에서 박테리오파지와 박테리아가 어떻게 만나고 헤어지는지 밤을 새워 상상할 수 있습니다.

원자만큼 작아져 원자 속에 있는 핵과 전자가 만들어 내는 멋진 풍경을 상상할 수도 있습니다. 한 줌의 물이 되어 강물을 떠다니다가 민물고기의 배 속으로 들어가는 상상도 할 수 있습니다. 혜성 위에 올라탄 채 항성과 행성들이 빼곡한 은하를 떠도는 상상은 어떤가요?

사물을 탐구하기 위해서는 보고 만지고 냄새 맡는 것들에만 매달리지 않고 상상에 빠져야 합니다. 상상은 어두운 등산로를 비추는 랜턴 불빛과 같습니다. 그 불빛은 우리가 알고 있는 지식이 만들어 놓은 등산 지도의 끊긴 길들을 조금씩 이어갈 뿐 아니라 간혹 잘못된 길을 바로잡기도 합니다.

탐구의 지도, 지식

'아는 만큼 보인다.'라는 말이 있습니다. 유럽의 대도시들을 여행하다 보면 성당이나 시청과 같은 크고 오래된 건물들을 쉽게 찾아볼 수 있습니다. 그 건물의 생김새를 주의 깊게 살펴보면 그 건물이 언제쯤 지어졌는지 알 수 있습니다.

왜냐하면 각 시대마다 건물을 짓는 방식이 달랐기 때문입니다. 비잔틴 양식, 고딕 양식, 로마네스크 양식과 같은 각 시대의 건축 양식에 대한 지식이 있는 사람의 눈에는 그 건물의 나이가 보입니다. 이처럼 지식에는 사물 안에 감춰진 사실을 드러내는 돋보기와 같은 힘이 있습니다.

또한 지식이란 경험을 통해서 알게 된 것들을 일컫기도 합니다. 사람들이 이미 가 본 곳을 알기 쉽게 정리한 것이 지도입니다. 아마존이나 아프리카의 처녀림은 아직 아무도 가 보지 않았기 때문에 지도에 나와 있지 않습니다.

과학 탐구를 하는 사람에게 이전 과학자들이 밝혀 놓은 지식은 돋보기나 지도와 같습니다. 물론 지식이 없어도 자연 속의 사물들을 관찰하고 탐구할 수 있습니다. 하지만 지식이 없다면 아주 일부만 볼 수 있을 뿐이고 탐구를 하는 과정에서 쉽사리 길을 잃고 우왕좌왕하게 될 것입니다.

1990년부터 2003년까지 '휴먼 게놈 프로젝트'라는 큰 규모의 탐구가 국제적으로 이뤄진 적이 있습니다. 이것은 인간의 염색체에 있는 유전자의 염기 서열을 모두 다 분석하는 일이었습니다. 염기 서열을 모두 알게 되면 우리 몸을 이루는 단백질들에 대한 정보를 모두 얻을 수 있습니다.

많은 언론이 그 일에 참가한 과학자들의 첨단 기술에 대해 찬탄했습니다. 하지만 잊지 말아야 할 것이 있습니다. 이 일이 이전 과학자들이 탐구로 그려 놓은 거대한 지도 위에 작은 길 하나를 덧붙인 일에 지나지 않는다는 사실입니다.

이전 과학자들은 100여 년 전 DNA를 처음 발견하였고, 왓슨과

● 제임스 왓슨(1928~)과 프랜시스 크릭(1916~2004)
19세기 후반 DNA라는 물질이 처음으로 발견되었습니다. 1943년에 오스왈드 에이버리와 동료 과학자들은 실험을 통해 DNA가 유전 정보라는 사실을 처음으로 입증하였습니다. 그로부터 10년 뒤 제임스 왓슨과 프랜시스 크릭은 DNA의 X선 회절 사진을 분석하여 이것이 이중 나선 구조로 되어 있다는 제안을 하고, 여러 계산을 거쳐 DNA의 입체 구조를 밝혀 세상에 알렸습니다.

('과학자 작은 사전(128쪽)'에서 이어집니다.)

크릭이 50여 년 전 그 구조를 밝혀냈으며, 프레더릭 생어는 40여 년 전 DNA의 염기 서열을 분석하는 방법을 밝혔습니다. 바로 DNA를 탐구하여 그에 대한 지식들을 지도를 그리듯 그려 놓은 것입니다. 이러한 지도가 없었다면 사람의 게놈을 분석하는 것은 꿈도 꿀 수 없었을 테지요.

하지만 과거의 지식에 너무 얽매인다면 우리가 마음껏 상상의 나래를 펼치며 탐구하는 데 방해가 되기도 합니다. 여행을 하는 사람에게 지도는 꼭 필요하겠지만 지도에 표시된 길이 잘못되었다면 자기 눈으로 발견한 길로 고쳐 그릴 줄도 알아야 합니다. 또 아주 심한 경우에는 잘못된 지도를 통째로 버릴 수도 있어야 하겠지요.

● 휴먼 게놈 프로젝트

총책임자 프랜시스 콜린스가 휴먼 게놈 프로젝트가 성공적으로 끝났다고 발표하고 있다.

'게놈'이란 어떤 생명체에 있는 유전자 전체를 가리키는 말입니다. 휴먼 게놈이라면 인간의 몸속에 있는 유전자 전체를 의미하겠지요. 따라서 휴먼 게놈 프로젝트를 간단히 설명하자면 인체 내에 있는 모든 유전자 정보를 분석하는 일입니다. 사람의 몸에는 유전자가 대략 30억 쌍 있습니다. 따라서 이를 분석하는 일은 한두 개의 연구소가 나서서 될 일이 아니지요. 휴먼 게놈 프로젝트는 미국, 영국, 프랑스, 독일, 일본, 중국, 인도 등의 나라가 서로 협력하여 10여 년에 걸쳐 진행되었습니다.

처음 시작할 때 이 프로젝트의 총책임자는 DNA의 구조를 처음 밝힌 제임스 왓슨이었습니다. DNA와 관련된 기념비적인 일을 했으므로 이 일에 꼭 알맞다고 생각했지요. 그런데 이 일을 주도한 기관인 미국 국립보건원(NIH)은 휴먼 게놈 프로젝트로 얻은 인간 유전자 정보를 특

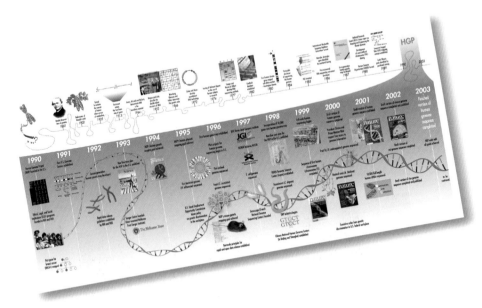

휴먼 게놈 프로젝트의 연대표. 1865부터 2003년까지 유전자 연구의 중요한 단계가 기록되어 있다.

허로 출원하려 했습니다. 제임스 왓슨은 줄곧 이를 반대했지요. 이 때문에 왓슨은 중간에 휴먼 게놈 프로젝트의 총책임자 자리를 내놓아야 했습니다.

왓슨은 인간 유전자에 대한 정보를 특허로 출원하는 것을 '미치광이 짓'이라고 공공연하게 이야기했습니다. 결국 빌 클린턴 전 미국 대통령의 중재로 특허 출원 계획은 취소되었지만 생명체 유전자에 대한 특허와 관련된 논쟁은 여전히 이어지고 있습니다. 여러분의 생각은 어떤가요?

탐구,
신나고 신기하고 신비로운 일

탐구는 흥미진진한 보물찾기

어느 가을날 놀이터에서 네댓 살쯤으로 보이는 어린아이가 낙엽을 갖고 노는 모습을 본 적이 있습니다. 형형색색의 낙엽을 주워 수북이 쌓아 놓고는 같은 모양이나 색깔끼리 모으기도 하고, 왕관을 만들기도 하고, 가루처럼 부수어서 하늘에 흩뿌리기도 하고, 다시 땅에 심듯 모래를 파헤쳐 낙엽을 꽂아 놓기도 하고, 연못 위에 띄우기도 했습니다. 그 모습을 보니 탐구하는 것은 놀이와 비슷하다는 생각이 들었습니다.

아이가 낙엽의 속성을 알기 위해 이러한 행동을 하지는 않았겠지요. 하지만 아이는 낙엽을 가지고 놀다가 우연처럼 낙엽의 속성들을 깨달을 것입니다. 낙엽은 각양각색이며 아주 쉽사리 부서진다는 사실을 알아냅니다. 낙엽을 땅에 심는다고 다시 싹이 나는 것이 아니란 사실도 알게 됩니다.

예전에 제가 영국의 MRC-LMB(케임브리지 의학연구원 분자생물학연구소)에서 실험을 할 때 있었던 일입니다. 동료 연구자 중 한 사람이 아주 특이한 주제로 실험을 하고 있었습니다. 그 주제는 바로

'사람의 몸에 난 털은 왜 항상 한 방향으로 나 있는가?' 였습니다.

저는 왜 그런 아무짝에도 쓸모없는 연구를 하는지 늘 궁금했습니다. 그 궁금증은 어느 날 그가 내뱉은 말 한마디에 풀렸습니다.

"우리가 인간에 대해서 모르는 사실들이 100가지가 있다면, 어떤 이유를 대면서 그 100가지 중 어느 것이 더 중요하다고 말해서는 안 된다."

그는 또 이렇게 덧붙였습니다.

"왜 털이 한 방향으로 나 있는지 아직 모른다. 나는 이 궁금증을 풀기 위해 일생을 바치는 것이 즐겁다."

어떤 시인이 이 세상에 태어나 살고 있는 인생을 '소풍 온 것'에 비유한 적이 있습니다. 털 연구를 하는 제 동료가 그 시인의 얘기를 들으면 아마도 "바로 그거야. 나도 그렇게 생각해."라고 맞장구쳤을 것 같습니다.

탐구를 하다 보면 자연과 인체의 신비에 놀라는 경우가 한두 번이 아닙니다. 마치 소풍 가서 보물찾기를 할 때 풀숲 어딘가에서 보물을 찾았을 때의 기분과 비슷합니다. 인체와 우주에는 찾아도 찾아도 끝이 없는 놀랍고 신비로운 법칙들과 현상들이 있습니다. 그러니 탐구하는 사람은 끝이 보이지 않는 숲에 소풍 와서 보물찾기에 여념이 없는 어린아이들과 닮을 수밖에 없습니다.

재미가 없는데 억지로 한다면 놀이가 아닙니다. 탐구하기는 우리가 모르는 사실들을, 퍼즐을 풀 듯 하나둘씩 풀어 가는 즐거운 놀이를 닮았습니다.

아름다움이 곧 진리이다

우리는 자연의 신비로움을 보면서 아름다움을 느낍니다. 알프스 산맥의 눈 쌓인 경치나, 오로라, 무지개 등을 보면서 그 아름다움에 경탄하지요. 현미경으로 관찰한 미생물이나 신경 세포의 모습을 보면서도 아름다움을 느낄 수 있습니다. 이러한 아름다움은 눈이라는 우리의 감각 기관을 통해 느끼는 아름다움입니다.

한편 우리는 인간의 일상적인 감각과 상식을 초월한 세계를 바라보면서 아름다움을 느낄 수도 있습니다. 인류 최초의 우주 비행사인 유리 가가린이 우주선을 타고 가다가 파란 지구의 모습을 보았을 때 느낌이 어땠을까요? 아마도 숭고한 아름다움을 느꼈겠지요.

눈앞에서 반짝이는 완두콩만 한 저 별이 자신이 태어나 바로 얼마 전까지 살았고 지금 자신과 같은 수십 억의 인간이 살고 있는 별이라는 생각에 가슴이 뛰지 않을 수 없겠지요.

또한 우리는 탐구가 밝혀 가는 진리를 통해 아름다움을 느낄 수 있습니다. 프랑스 물리학자 레옹 푸코는 아주 간단한 추를 이용하여 심오한 진리 하나를 밝혀 보여 주었습니다.

가만히 머릿속으로 그려 보기 바랍니다. 천장에 못을 박고 2미터쯤 되는 피아노 줄의 한쪽 끝을 감아 고정한 다음, 그 다른 끝에 2킬로그램쯤 되는 쇠구슬을 매답니다.

그 쇠구슬을 그네 태우듯 한쪽으로 높이 들었다가 놓은 뒤, 쇠구슬이 코앞까지 왔다가 멀어졌다 되풀이하는 것을 볼 수 있도록 자리를 잡고 앉습니다. 그리고 그 자리에 앉아 한 30분쯤 재미있는 만화책을 읽습니다. 그런 다음 그 추를 보면 아주 놀라운 사실을 발견할 것입니다.

추는 더 이상 내 코 앞쪽으로 다가오지 않고 내 왼쪽을 향해 다가왔다가 멀어져 갑니다. 나는 꼼짝도 하지 않았는데 말이지요. 바로,

● 레옹 푸코(1819~1868)

프랑스 파리에서 태어난 물리학자입니다. 그는 푸코의 추를 발명한 것 말고도 빛의 속도를 재는 장치를 발명했으며, 자기장을 바꿔 줄 때 전도체 주변에서 발생하는 전류의 흐름을 최초로 분석하기도 하였습니다. 그는 이렇게 말했습니다. "(자연) 현상은 조용히 눈에 보이지 않게 벌어진다. 사람들은 자연 현상을 느낄 수 있다."

('과학자 작은 사전(124쪽)'에서 이어집니다.)

추가 움직이는 축이 회전한 것입니다. 어떻게 이런 일이 일어났을 까요?

추가 벌이는 자유 진동 운동은 외부에서 어떤 제약이 생기지 않는 이상 언제나 같은 경로를 따라 반복적으로 일어날 수밖에 없습니다. 따라서 추가 움직이는 축이 회전하려면 추가 매달려 있는 지점이 반대 방향으로 회전하는 수밖에 없습니다.

우리는 방 안에서 꼼짝 않고 앉아 있었기 때문에 추가 매달린 지점이 반대 방향으로 회전하기 위해서는 우리 방이 놓여 있는 지구가 반대 방향으로 회전하는 수밖에 없습니다. 바로 이 실험을 통해 푸코는 지구가 자전한다는 사실을 증명하였습니다.

어떻습니까? 푸코의 탐구를 통해 밝혀진 진리가 참으로 아름답지 않습니까? 방 안에서 벌어지는 현상 속에도 우주의 법칙이 담겨 있다니 말입니다.

푸코는 방 안의 현상과 우주의 법칙 사이를 오랜 사색과 탐구를 통해 이어 놓았습니다. 마치 우리는 푸코가 미로 중간마다 떨어뜨려 놓은 빵 조각을 따라 길을 가다, 문득 미로 저편에 펼쳐진 아름답고 광대한 풍경 앞에 선 느낌을 받게 됩니다.

"아름다움이 곧 진리이다."

영국의 시인 키츠가 쓴 시의 한 구절입니다. 우리는 산을 오르며 많은 꽃과 나무, 예쁜 새와 시냇물을 바라보며 아름다움을 느낍니다. 하지만 또 한편으로는 새로운 길을 발견하거나 개척하고 험한 길을 오르는 과정에서 등산의 멋진 매력을 느끼기도 합니다. 탐구는 진리를 추구하는 등산과 같습니다.

어떤 탐험가가 집채만 한 파도를 보며 느끼는 경외감이나 아름다움을 우리는 과학 탐구를 통해 일상에서 느낄 수 있습니다. 우리의 몸, 땅에서 자라는 아주 작은 들풀과 눈에 보이지도 않는 미생물들 그리고 그들 모두를 품에 안고 있는 우주 가운데서 말입니다. 우리는 과학 탐구를 통해 이 세상이 얼마나 굳건한 원리와 법칙 속에서 얼마나 조화롭고 아름답게 유지되는지 알 수 있습니다.

탐구는 모방에 가깝다

흔히 '찍찍이'라 부르는, 신발이나 옷에 달려 있는 벨크로는 스위스의 메스트랄이라는 전기 기술자가 발명한 것입니다. 사냥에서 돌아와 옷을 벗다가 옷에 달라붙은 우엉 씨앗을 보고서 생각해 냈지요. 우엉 씨앗 표면의 갈고리 모양을 한 미세 조직이 옷감의 결 사이를 붙잡기 때문에 씨앗이 여간해서는 옷에서 안 떨어진다는 사실을 깨달았던 것입니다.

우엉은 그러한 씨앗 표면의 구조 덕분에 산짐승의 털이나 새의 깃털에 씨앗이 달라붙음으로써 아주 멀리까지 옮겨 가 번식할 수 있습니다. 자연의 이러한 속성을 모방하여 인간은 벨크로를 구상하고 만들어 냈습니다.

탐구하기의 중요한 특성 중 하나는 자연과 세상 가운데 존재하는 원리와 법칙들을 이해하는 데서 그치지 않고 그것을 모방하고자 노력한다는 점입니다.

앞서 제가 박테리오파지를 이용하여 항암제를 만드는 연구를 한다고 말했지요? 제가 하는 실험 역시 자연의 원리와 법칙을 모방하여 생각해 낸 것입니다. 보통 '항체 공학'이라고 불리는 이 실험에 대해서 설명을 드리겠습니다. 조금 어려울 수도 있으니 찬찬히 읽어 보세요.

사람의 몸속에 병원체나 인간의 몸에 원래 없는 작은 이물질인 항원이 들어오면 그에 반응하여 저항하는 항체가 생깁니다. 많은 경우 항체는 병원체나 이물질을 훌륭하게 중화시키거나 없앱니다. 하지만 이러한 과정이 몸속에서 원활히 일어나지 못하는 경우도 있습니다. 대표적인 경우가 암이지요.

암이란 원래 사람 몸에 있는 세포가 잘못되어 발생하는 질병입니다. 그래서 대개의 경우 몸은 이를 이물질이나 병원체로 인지하지 못합니다. 제가 오랫동안 해 온 실험이 바로 이러한 한계를 극복하기 위해 암세포나 암 조직을 인지할 수 있는 항체를 인위적으로 만들어 내는 실험입니다.

이 실험은 몸 안에서 항체가 만들어지는 과정을 그대로 모방하고 있습니다. 먼저 사람 몸에서 항체가 만들어지는 과정을 살펴보겠습니다.

인간의 핏속을 돌아다니는 항체는 'B세포'라는 세포가 만들어 밖으로 내보낸 것입니다. 미성숙한 B세포는 표면에 항체를 진열하고 다닙니다. B세포는 여러 과정을 거치며 결국 항체를 만들어 밖으로 내보내는 플라스마 세포로 성장합니다.

그 성장 과정 중에 가장 극적인 순간은 외부로부터 위험한 병원체가 들어온 직후 병원체에 잘 반응하는 항체를 만들기 위해 B세포가 분주해지는 시점입니다. 이 순간의 작업들은 몸 곳곳에 있는 림프샘 및 비장 조직에 있는 '저미널 센터(germinal center)'라는 곳에서 벌어집니다.

외부 항원의 침입 이후 여러 우여곡절을 겪으며 몸속을 돌던 B세포는 림프샘이나 저미널 센터로 들어오게 됩니다. 그리고 이곳에서 B세포 안에 있는 항체 유전자 중 특정 부위에서 돌연변이가 일어납니다. 엄청나게 자주, 엄청나게 빨리요. 이렇게 돌연변이가 일어나면 다양한 항체를 표면에 진열한 B세포 무리가 형성됩니다.

여러 B세포 가운데 항원에 가장 잘 달라붙는 항체를 표면에 진열하고 있는 B세포가 골라집니다. 항원에 잘 달라붙는다는 것은 그 항원을 없앨 수 있다는 뜻입니다. 이렇게 골라진 B세포는 며칠 동안의

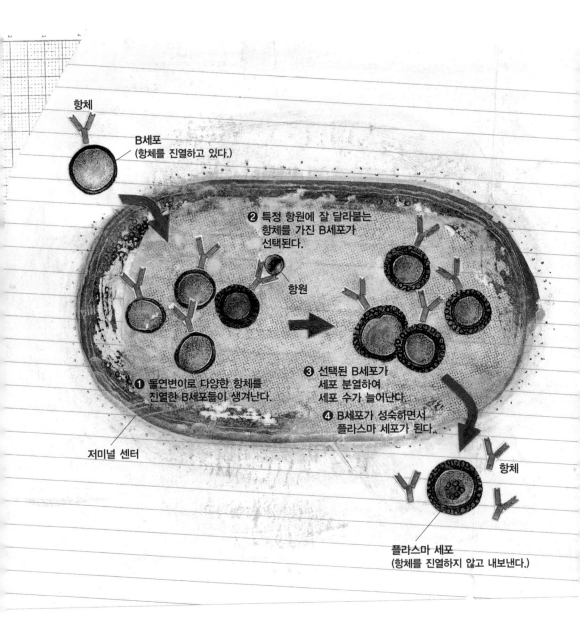

항체

B세포
(항체를 진열하고 있다.)

❷ 특정 항원에 잘 달라붙는
항체를 가진 B세포가
선택된다.

항원

❶ 돌연변이로 다양한 항체를
진열한 B세포들이 생겨난다.

❸ 선택된 B세포가
세포 분열하여
세포 수가 늘어난다.

❹ B세포가 성숙하면서
플라스마 세포가 된다.

저미널 센터

항체

플라스마 세포
(항체를 진열하지 않고 내보낸다.)

우리 몸에서 항체가 만들어지는 과정

세포 분열을 통해 아주 많아집니다.

이 같은 과정을 몇 차례 되풀이하면서 외부 항원에 철석같이 달라붙는 항체를 표면에 진열한 B세포가 등장합니다. 그리고 이러한 B세포가 더 성숙하면서 플라스마 세포가 됩니다. 플라스마 세포는 항체를 표면에 진열하는 것이 아니라 밖으로 배출할 수 있지요.

저 같은 탐구자들은 B세포의 성숙을 통해 항체가 만들어지는 과정을 시험관이나 작은 튜브 속에서 철저하게 모방합니다. 저희는 B세포 대신 1마이크로미터 크기의 박테리오파지를 사용합니다. 저희는 특수한 조작을 거쳐 박테리오파지 유전자 안에 다양한 항체 유전자군을 집어넣습니다. 저희가 사용하는 박테리오파지는 미성숙한 B세포처럼 항체를 표면에 진열하게 됩니다.

이처럼 다양한 종류의 항체를 각각 한 종류씩 표면에 진열한 박테리오파지와 타깃 물질을 시험관 속에서 섞습니다. 타깃 물질이란 그에 대응하는 항체를 만들어서 물리쳐야 하는 물질을 말합니다. 이를테면 암과 관련된 물질이지요. 이렇게 섞은 다음 얼마가 지난 후 그중 타깃 물질에 달라붙는 항체를 표면에 진열한 박테리오파지를 골라냅니다.

고른 박테리오파지의 항체 유전자를 분석한 다음 그 가운데 핵심적인 유전자 몇 개를 돌연변이시킵니다. 몸속 저미널 센터에서 일어나는 현상을 그대로 재현하는 것이지요.

❶ 시험관에 타깃 물질을 코팅해 놓는다.

❷ 다양한 항체를 진열한 박테리오파지를 넣는다.

❸ 몇 차례 씻으면 타깃 물질에 잘 달라붙는 박테리오파지만 남는다.

박테리오파지를 이용해 실험실에서 항체를 만드는 과정

    그렇게 돌연변이된 항체들을 진열하고 있는 박테리오파지를 다시 타깃 물질과 같이 섞어 반응시킨 다음 타깃 물질에 더 잘 달라붙는 항체를 지닌 박테리오파지를 골라냅니다. 몇 차례 되풀이해 만족스러운 항체를 발견하면 이제 박테리오파지를 제외하고 항체만을 발현시켜 타깃 물질을 붙잡는 데 씁니다.

    어떻습니까? 항체 공학으로 만들어지는 분자 신약은 첨단 생명 과학 기술의 상징과도 같습니다. 하지만 이 대단한 연구도 잘 들여다보면 몸에서 일어나는 생리 현상을 분석한 뒤 철저하게 모방하는 것일 뿐입니다. 흔히 모방이라는 말은 부정적인 의미로 쓰입니다.

하지만 자연에 대한 탐구가 자연의 모방을 통해 이뤄진다는 사실은 하나도 부정적이지 않습니다.

간단한 식물체가 처음 지구상에 등장한 것은 5억 년 전쯤입니다. 그 뒤 아주 오랜 세월 동안 진화하며 만들어져 온 것이 생명체의 원리와 법칙입니다. 인간의 논리가 아무리 뛰어나다 한들 어찌 생명체가 고유하게 간직한 원리와 법칙의 조화를 능가하겠습니까?

인간이 탐구를 통해 달성해야 할 임무는 이러한 생명체의 원리와 법칙을 최선을 다해 이해하고 더 나아가 모방하는 것일 수밖에 없겠지요.

젖먹이가 레고를 갖고 논다면?

앞에서 탐구하기란 어떤 일인지 살펴보았습니다. 그런데 우리는 탐구하기와 관련해서 몇 가지 오해를 하고 있습니다.

그중 첫 번째 오해는 인간의 탐구 과정을 창조와 혼동한다는 사실입니다. 줄기세포를 이용한 생명체 복제 과정이 사회의 관심거리가 되었을 때 이러한 오해가 극성을 피웠던 기억이 납니다. 생명체를 복제한다는 일이 생명체를 창조하는 일인 듯 여겨졌지요.

하지만 우리가 체세포를 복제하기 위해 난자나 체세포를 만든다는 것은 꿈에도 생각하기 힘든 일입니다. 그렇다고 체세포 안에 있는 염색체 유전자를 만들 수 있는 것도 아닙니다. 체세포 복제를 위해 필요한 준비물 중 우리가 직접 만들 수 있는 것은 아무것도 없습니다.

체세포 복제를 하는 연구자들은 다만 난자 안에 있던 염색체를 꺼내고 체세포 안에 있던 염색체를 빼내 그 자리에 대신 집어넣는 일을 합니다.

이는 창조와 너무도 거리가 먼 일입니다. 탐구는 마치 플라스틱 기차와 철길 그리고 모든 레고 조각들을 가게에서 산 다음 철길을 이어서 기차놀이를 하는 것과 비슷합니다. 연구자들은 레고 조각을 끼워 맞추는 어린아이 정도가 되겠지요. 간단해 보이지만 레고 조각 맞추기에는 지켜야 할 원칙이 있습니다. 레고 철길을 잘못 이었거나 받침대 하나를 빠뜨리고 안 끼워 넣었다면 기차는 어느 지점에선가 멈춰 서거나 뒤집어집니다.

체세포 복제 역시 마찬가지입니다. 체세포 복제를 하는 동안 인간이 담당하는 부분은 아주 작디작을 뿐입니다. 그 나머지는 생명체가 고유의 원칙과 법칙을 따라 진행하는 것입니다.

그런데 인체와 생태계가 지니고 있는 원칙과 법칙을 잘 알지 못한 채 마치 인간이 모든 것을 좌지우지할 수 있는 듯 인간 복제를 한다면 그것은 아직 돌도 되지 않은 젖먹이가 초등학교 일이학년용 레고를 가지고 노는 것과 같은 꼴입니다. 젖먹이는 레고의 규칙을 잘 모르기 때문에 얼마 안 가 레고를 모두 망가뜨려 버릴 수 있습니다.

탐구로 자연을 정복한다고?

또 하나의 오해는 탐구하기가 자연을 정복하는 도구로 쓰여야 한다는 생각입니다.

우리는 흔히 '사람을 만물의 영장'이라고 얘기합니다. 이 말에는 사람이 지구상에서 다른 모든 생명체와 물질들을 다스리고 관리해야 한다는 뜻이 담겨 있습니다. 그러기 위해서 인간은 자연을 제압하고 정복해야 합니다.

흔히 하는 말로 에베레스트를 정복했다거나, 말라리아를 정복했다는 말은 이러한 경우를 의미한다고 볼 수 있겠지요. 그리고 정복을 위해 과학 탐구가 아주 중요한 역할을 한다고 생각합니다. 많은 첨단 기술과 장비가 자연을 정복하기 위해 연구되고 개발되고 있지요.

그런데 이런 생각이 과연 당연한 것일까요? 인간이 다른 자연을 정복하여 지배하는 것이 옳은 일일까요?

우리는 곳곳에서 인간이 자연을 지배하고 관리하는 것의 실패를 목격합니다. 공장에서 물건을 만들어 내듯 가축을 길러 내는 대규모 축산은 인간이 자연을 지배하고 관리하는 모습을 보여 주는 대표적인 예입니다. 인구가 갑작스럽게 늘어남에 따라 먹을거리로 쓸 고기가 더 많이 필요하자 대규모 축산이 이뤄지고 있습니다. 이제 집에서 먹을거리로 가축을 몇 마리씩 기르는 모습을 찾아보기 힘들지요.

이러한 대규모 축산이 얼마나 자주 심각한 문제들을 일으키는지 여러분도 잘 아실 겁니다. 뉴스에 자주 나오는 광우병, 신종 플루, 조류독감, 구제역 등의 질병은 모두 대규모 축산과 밀접한 관계가 있습니다.

인간의 수요에 맞춰 자연을 관리하는 것은 인간의 입장과 이익을 위해 자연을 이용하는 것입니다. 그런데 인간의 자연에 대한 지배와 관리를 통해 무시되는 것은 사육되는 가축들의 입장이나 이해관계만이 아닙니다.

지금 인류는 대규모 축산과 경작을 통해 전 인류의 두 배가 넘는 숫자를 먹일 수 있는 먹을거리를 생산해 내지만 시간당 4천 명의 사람들이 굶어 죽고 있습니다. 또한 전 지구 인구의 6분의 1에 해당하는 10억 명 정도의 사람들이 굶주림에 시달립니다. 100년 전에 비해 인간은 더 강력하게 자연을 지배하고 관리할 수 있게 되었습니다. 하지만 그 결과 많은 수의 인간은 자연 앞에 더 무기력해져 버렸습니다.

이 문제는 인간과 다른 생명체에게만 적용되는 것이 아닙니다. 남극과 북극의 빙하가 녹고,

오존층이 파괴되고 있는 현실이 보여 주
듯 지구는 아주 심한 몸살을 앓고 있
습니다.

인간의 현대 문명은 석유나 석탄과
같은 화석 연료를 통해 이룩되었고
유지되고 있습니다. 현대 문명을 유지하는
힘은 화석 연료가 타면서 발생하는 에너지에
서 나옵니다. 인류가 지구상에 나타나기 훨씬 전부터 축적된 화석
연료를 우리 인류는 문명을 유지하고 즐기기 위해 불과 지난 200년
남짓에 걸쳐 거의 다 써 버렸습니다.

이 역시 인간이 자연을 지배하고 관리하는 모습의 일부입니다. 이
를 통해 깨달을 수 있는 사실이 있습니다. 바로 인간이 이 세상에 기
생하며 살고 있다는 것입니다.

기생은 '어떤 두 종 사이에서 한 종이 다른 한 종에게 일방적으로
손해를 주면서 자신은 이익을 얻어 살아가는 관계'입니다. 지금 '인
간이 자연을 정복하여 관리하고 지배한다는 것'이 실은 '인간이 자
연에 철저히 기생하는 것'을 의미하는 것은 아닐까요?

그간 탐구하기가 마치 인간의 정복을 이루기 위한 수단으로 여겨
졌습니다. 하지만 인간만을 위하여 이뤄지는 탐구라면 이 세상을 끊
임없이 왜곡하고 파괴할 수밖에 없습니다.

탐구하기는 이러한 상황에서 인간과 그 주변을 둘러싼 자연의 올바른 관계를 밝히고, 그 관계를 회복할 수 있는 길을 발견하고 공생할 수 있는 방법을 찾기 위한 활동입니다.

● 생명체 복제 과정

세계 최초의 포유동물 복제로 태어난 양 '돌리'의 모습이다.

정자가 난자에 달라붙은 뒤 정자 머리 부분에 있는 핵이 난자 속으로 들어가면서 인간 생명체가 시작됩니다. 정자와 난자가 만나는 과정을 착상이라 하며, 그 결과 접합체가 만들어집니다. 정자와 난자의 핵 속에는 염색체가 각각 23개씩 있습니다. 따라서 정자의 핵이 난자 속으로 들어가면 23쌍, 즉 46개의 염색체가 모이게 되지요. 정자나 난자를 가리켜 생식 세포라하고, 그들이 만난 결과 만들어진 세포를 체세포라 합니다.

인간 복제는 정자와 난자가 만나는 착상 과정을 본떠 체세포와 난자를 사용하여 이뤄집니다. 일단 난자 속에서 조심스레 핵을 끄집어냅니다. 대신 체세포 속에서 꺼낸 핵을 난자 속에 집어넣고 핵융합 과정을 거쳐 접합체를 만들어 냅니다. 이렇게 만들어진 접합체는 정자와 난자가 만나 이뤄진 접합체처럼 23쌍의 염색체를 지니겠지요.

영화 「아일랜드」의 한 장면이다. 장기를 이식하기 위한 태어난 복제 인간을 소재로 했다.

다만, 정자와 난자가 만나 만들어진 접합체는 정자(아빠)로부터 절반, 난자(엄마)로부터 절반씩 염색체를 받는 것과 달리 체세포와 난자로 만든 접합체의 염색체는 모조리 체세포로부터 옵니다. 다시 말해 체세포의 주인은 자신의 염색체와 똑같은 염색체를 가진 자녀를 얻을 수 있는 것이지요. 즉, 체세포의 주인이 그대로 복제될 수 있다는 이야기입니다.

우리는 생명을 연구하는 것을 넘어 생명을 활용하는 시대에 살고 있습니다. 하지만 현재 첨단 과학이 성숙하지 못하고 확실하지 못하기 때문에 인간 복제는 무모한 일이라고 생각합니다. '왜 우리가 살고 있는 이 시대의 인간들은 자신을 복제하는 일에 관심을 갖게 되었는가?'라는 질문을 함께 생각해 보면 좋겠습니다.

자연 속의 나, 내 안의 자연

100조 개의 세포로 된 우주

사람의 세포 하나 속에는 46개의 염색체가 있습니다. 그 염색체 안에 있는 유전자를 모두 풀어 헤쳐 세어 보면 모두 30억 개 정도가 되지요. 그 유전자들은 25,000개의 단백질을 만들고, 그 단백질들은 세포 안팎에서 36,500가지 종류의 반응을 펼칩니다.

세포 하나만 생각해도 벌써 머리가 아파 오지요. 그런데 사람 몸이 모두 몇 개의 세포로 구성되어 있는지 아십니까? 한 사람의 몸을 구성하는 세포의 총 개수를 알 수 있는 방법은 없지만 현재까지 알려진 생물학 지식을 동원해 보았을 때 대략 100조 개 가까이 되는 것으로 알려져 있습니다.

우리가 눈으로 확인할 수 있는 우주 안에는 은하수와 같은 성운이 약 10조 개 존재합니다. 사람의 몸이 우주와 같다는 말은 허풍이 아닙니다. 사람의 몸에서 일어나는 일을 이해한다는 것은 우주에서 벌어지는 일을 탐구하는 것만큼이나 어렵고 복잡합니다.

우리 몸에서 일어나는 일을 인간의 부족한 지식으로는 모두 이해하기는 어렵습니다. 바로 그러한 까닭에 우리는 늘 불안합니다. 어느 날 갑자기 우리는 병에 걸리고, 어느 날 갑자기 죽음을 맞이합니다. 사람들은 언제 걸릴지 모르는 암 때문에 보험을 들기도 하고, 병에 안 걸리려고 아주 어릴 적부터 많은 종류의 백신을 맞습니다. 이러한 불안 때문에 우리는 우리 몸을 탐구합니다.

굳이 과학 연구를 하는 전문가가 아니더라도 우리는 몸에 관련된 질문들을 품고 살아갑니다. 부모라면 아이가 수정되고 뱃속에서 자라 기관이 생겨나며 달이 차서 탄생하는 과정이나 어린아이에서 성인으로 성장하는 동안 몸 안에서 발생하는 온갖 변화에 관심을 기울입니다. 또한 집안에 어떤 병에 걸린 사람이 있다면 그 가족들은 병이 왜 생겼는지 어떻게 진행되는지 어떻게 하면 나을 수 있는지 등을 두고 많은 지식을 여기저기로부터 얻습니다.

우리는 이런저런 이유로 매순간 우리 몸에 대한 궁금함들을 조금씩 부풀리면서 살아가고 있습니다. 이처럼 끝없는 궁금함에 대하여 답을 하고 다시 다른 질문을 던지는 과정을 통하여 우리 자신에 대하여 조금씩 알게 됩니다.

당신은 바로 당신이 먹은 음식이다

인간이 지구라는 곳에서 홀로 살 수 없음은 아주 당연한 사실입니다. 인간은 자기를 둘러싼 생명체들 그리고 무생물들과 끊임없이 관계를 맺으며 살아가고 있습니다. 우리가 제대로 살기 위해서는 주변 세상과 어떻게 관계를 맺어야 하는지 올바르게 깨달아야 합니다. 그래서 우리는 탐구를 합니다.

영국에서 본 어느 텔레비전 프로그램 중 「당신은 바로 당신이 먹은 음식이다(You are what you eat)」라는 참 특이한 제목의 프로그램이 있었습니다. 인간이 먹는 음식에는 탄수화물과 단백질과 지방, 그리고 여러 가지 무기물이 들어 있습니다. 우리 인간은 음식을 먹고 소화하여 우리 몸의 구석구석을 이루는 데 필요한 양분으로 삼습니다.

이 양분들이 어디에서 왔는지 곰곰이 생각해 보면 재미난 사실을 알 수 있습니다. 예를 들어 볼게요. 몇 년 전 어느 시골 마을에서 죽어 땅에 묻힌 강아지의 뼈가 분해되어 나온 인이, 흙에서 자라는 쑥 갓의 체관을 통해 흡수되었다가 그 쑥갓으로 만든 반찬을 먹은 사람의 몸으로 들어가 뼈의 성분이 됩니다.

사람이 기르는 가축들, 즉 돼지, 소, 닭의 몸을 이루는 아주 미세한 구성 성분들이, 그 가축을 음식으로 먹은 사람의 몸을 고스란히 이루게 됩니다. 그 성분들은 본디 그 가축들이 먹은 여러 식물로부터 왔습니다. 그리고 그 식물들은 우리가 발 딛고 있는 땅속 물질들과 물을 흡수하고 햇빛을 받아 그 몸속 구성 성분들을 만들었습니다.

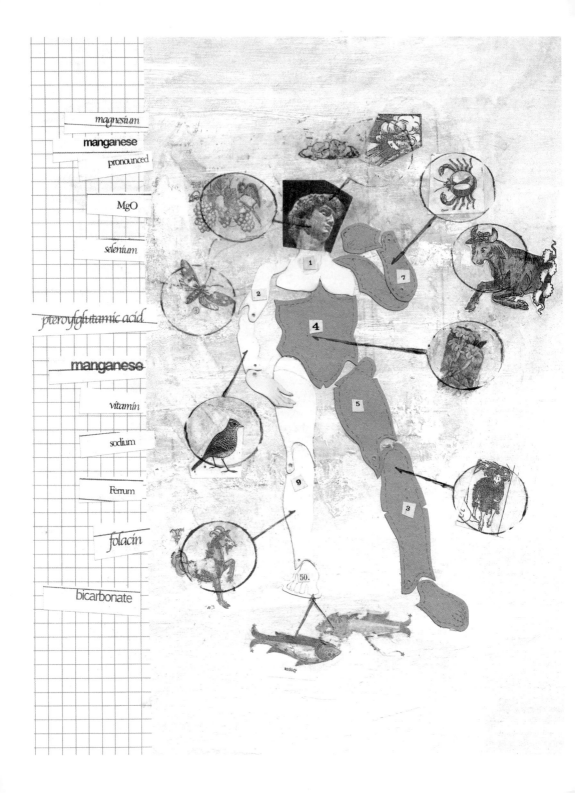

생명체들은 이처럼 그들을 둘러싸고 있는 많은 생명체(다른 동식물)와 무생물들(여러 무기물과 물, 공기 등)로부터 만들어졌으며, 또 계속 만들어져 가는 존재입니다.

사람 역시 마찬가지입니다. 사람은 살아 있는 동안 주위로부터 자기 몸을 이루는 것들을 끊임없이 흡수하다가, 죽으면 여러 미생물의 분해 작업을 통해 고스란히 땅속 성분들과 하나가 됩니다. 이 구성 성분들은 다시 어떤 이름 모를 식물에 흡수되었다가 그 식물을 먹은 초식 동물의 몸을 거쳐 또 다른 사람이나 육식 동물의 몸을 구성하게 됩니다.

불교에서는 생명이 있는 것은 죽어도 다시 태어나 생이 되풀이된다고 여깁니다. 소나 돼지가 다음 생에 인간으로 태어날 수도 있고 우리가 죽어서 나무나 꽃으로 태어날 수도 있다는 말입니다. 이를 윤회 사상이라고 합니다. 참 재미있지요. 생물학자의 눈을 통해 보면 윤회가 우리 주위에서 언제나 일어나는 평범한 사건인 셈이니까요.

우리가 매일 마시는 물 역시 마찬가지입니다. 지구 표면의 대략 70퍼센트를 뒤덮고 있는 물은 대략 46억 년 전쯤 형성되었다고 합니다. 물은 우리 인체의 60~70퍼센트를 이룹니다. 우리는 하루도 거르지 않고 음료수나 음식을 통해 물을 섭취하지요. 평균 체격의 남자 성인이라면 하루에 2~3리터의 물을 마셔야 몸을 정상적으로 움직일 수 있습니다.

그렇다면 이 물은 어디서 올까요? 어떤 사람의 입속으로 들어가는 물은 46억 년 동안 지구의 곳곳을 떠돌며 온갖 생명체의 몸속과 무생물의 내부에 머물던 바로 그 물입니다. 물은 자연 모든 개체에 스몄다가 수증기로 증발하여 대기를 떠돌고, 어느 정도 이상 모이면 물방울로 응결하여 비나 눈으로 내려서 다시 땅에 스미거나 바다와 한 몸이 되고, 다시 이 물을 마신 온 지구의 생명체와 무생물 속으로 번져 들어갑니다.

한 사람의 성인이 하루 동안 호흡과 땀으로 내보내는 수분은 대략 0.5리터에 이른다고 합니다. 그렇다면 우리는 옆 사람들의 몸을 거쳐 나온 수증기를 호흡하여 받아들인다는 사실 또한 알 수 있습니다. 옆 사람의 피와 땀을 이루던 수분이 어느덧 내 안으로 들어와 내 세포에 스미고 피를 통해 떠다니고 있다는 것이지요.

이처럼 인간은 자신을 둘러싼 세상과 마치 한 몸이나 다름없이 관계를 맺으며 살고 있습니다. 따라서 우리 자신을 알기 위해서는 우리를 둘러싼 자연 세계를 알아야 합니다. 탐구를 하는 이유는 바로, 인간이 자연과 맺고 있는 관계를 알아감으로써 자신의 참모습을 알고자 하는 데 있습니다.

자연은 하나의 생명체

겨울은 지난 가을 떨어진 낙엽이 분해되고 비나 눈을 통해 땅속으로 스며들어 뿌리로 되돌아가는 시간입니다. 낙엽은 땅에 떨어져 땅의 무기물들과 햇빛과 미생물들을 통해 온갖 형태의 유기물과 무기물들로 분해되어 땅속에 스밉니다. 그것은 다시 나무의 뿌리를 통해 나무의 체관을 타고 흡수되어 나무의 성장과 신진대사를 위한 재료로 쓰입니다. 이 과정이 죽은 나뭇잎이 살아 있는 나무와 서로 통하는 방식입니다.

앞에서 사람이 먹는 음식이 사람을 이룬다는 얘기를 했는데, 이는 지구상의 모든 생명체에 해당되는 이야기입니다. 참외 위에 올라앉아 진액을 빨아 먹던 파리는 개울가에서 개구리에게 잡아먹힙니다. 개구리는 연못이나 호수에 사는 물뱀의 먹이가 되고, 물뱀은 하늘을 날던 독수리에게 잡혀 그 먹이가 됩니다. 독수리는 죽어서 땅에 사는 작은 곤충이나 미생물들의 먹이가 됩니다.

흔히 '먹이 사슬'이라 불리는 이런 경로를 통해 지구상의 모든 생명체는 다른 생명체들이나 무생물들로부터 그 몸을 이루는 성분들을 얻고, 때가 되면 다시 다른 생명체나 흙의 일부가 됩니다.

이처럼 우리가 사는 세상에 존재하는 모든 물질은 어느 특정 생명체에 영원히 속하는 법이 없습니다. 당연히 인간 역시 예외일 수 없지요. 자연에 속한 모든 생명체는 태어났다가 죽습니다. 그들은 다른 생명체나 무생물과 끊임없이 교류합니다. 서로의 몸을 구성하는 물질들을 나누며, 공기와 물과 무기물을 서로 나눕니다.

자연은 마치 생명이 있는 유기체처럼 늘 생성되고 소멸되면서 그 안에 있는 것들끼리 서로 교류하기를 요구합니다. 인간은 그 유기체의 한 구성원일 따름이지요.

자연의 일부인 인간이 자연의 이러한 속성을 올바로 깨우치지 않으면 인간이 대단하고 특별한 존재라고 착각하기 쉽습니다. 인간이 소중하지 않다는 게 아닙니다. 자연 속에서 다른 생명체와 무생물들과 쉼 없이 교류하는 인간의 모습을 바로 볼 때에만 인간의 참모습을 깨닫는다는 것입니다.

신종 플루가 인간의 진화를 돕는다

다윈의 진화론은 인간이 다른 생명체와 구별되는 아주 특별한 존재라는 생각을 깨뜨린 이론입니다. 인간을 비롯하여 지구상에 존재하는 모든 생명체는 진화해 왔고 현재도 진화하고 있습니다.

진화를 한다는 말은 환경에 적응한다는 말과 아주 비슷합니다. 진화론에서 곧잘 등장하는 '자연 선택'이라는 말은 '환경에 적응하는 생물이 살아남는다.'는 사실을 의미합니다. 다른 생물체들처럼 인간도 자연의 선택을 받아야만 한 세대에서 그다음 세대로 이어갈 수 있습니다. 인간이 자연을 선택하는 것이 아니고 자연이 인간을 선택하는 것이지요.

지난해 신종 플루 때문에 전 세계가 공포에 떨었습니다. 신종 플루를 일으키는 인플루엔자는 바이러스의 일종입니다. 바이러스라는 미생물은 어떻게 보면 인간의 진화에 도움을 주는 생명체들입니다.

진화를 하기 위해서 필요한 것 중의 하나가 돌연변이입니다. 돌연변이란 몸속 유전자의 일부가 어떤 이유로 뒤바뀌거나 사라지거나 덧붙여지는 현상입니다. 돌연변이가 생기는 원인은 다양합니다. 햇

● 찰스 다윈(1809~1882)

"나는 종이 변화한다는 것을 거의 확신하고 있소. 이 이야기를 하자니 마치 살인을 고백하는 심정이오."

1844년 다윈이 그의 친구 조지프 후커에게 보낸 편지에 담긴 내용입니다. 다윈이 비글호 항해를 마치고 돌아온 해는 1836년입니다. 다윈의 대표작인 『종의 기원』이 출간된 것은 1859년입니다. 항해를 마치고는 23년, 후커에게 편지를 쓴 지 15년 후의 일이지요. 다윈은 무엇 때문에 그 오랜 시간 동안 자신의 발견을 책으로 내는 것을 망설였을까요?

('과학자 작은 사전(124쪽)' 에서 이어집니다.)

빛 속의 자외선을 오래 쬐어도 일어날 수 있고, 유독한 화학 물질에 오랫동안 드러나 있어도 일어날 수 있습니다. 바이러스에 의해서도 돌연변이가 생깁니다.

바이러스는 인간의 몸속에 침투한 다음 인간의 세포 속에 자신의 유전자를 풀어 헤쳐 놓습니다. 이 유전자가 인간의 유전자와 서로 엉키어서 뒤바뀌거나 덧붙여질 경우 몸 안에서 일종의 돌연변이가 일어날 수 있습니다. 바이러스가 우리 몸에 침투해 들어오면 인간은 크고 작은 질병에 걸립니다. 그렇다면 병에 걸리는 일 역시 진화하는 과정이라 할 수 있겠지요.

생명체 안에서는 끊이지 않고 다양한 돌연변이가 일어납니다. 그리고 그 돌연변이를 지닌 개체들 중 환경에 잘 적응할 수 있는 개체들이 자연에 의해 선택된다는 것이 진화의 줄거리입니다.

인간에게도 똑같은 진화의 원칙이 적용됩니다. 그런데 진화의 원칙 안에 있는 두 가지 사건, 즉 돌연변이와 자연에 의한 선택은 인간의 의지와 무관하게 벌어집니다. 정확히 말하자면 인간만의 의지와는 관계없는 일들이라 할 수 있습니다.

이 사건들은 인간과 주변 자연환경 사이의 관계에서 발생합니다. 진화는 우리 인간의 미래 모습을 결정합니다. 그러니까 인간은 자신의 힘이나 의지만으로 자신의 운명을 바꿀 수 없고 자연과 맺는 관계에 따라 운명이 바뀐다는 말입니다.

그렇다면 우리는 우리의 미래를 좌지우지하는 자연의 섭리를 올바로 깨달아야겠지요. 그 섭리 안에서 자연과 지혜롭게 관계를 맺으며 살아가는 방식을 깨우치기 위해 바로 인간과 자연을 탐구해야 하는 것입니다.

인간이 중심이라는 생각은 버리자

지구의 하늘은 태양열을 조화롭게 흡수하고 발산함으로써 지구 지표면에서 낮과 밤의 기온 차이가 너무 많이 나는 것을 막아 줍니다. 마치 겨울철에 입는 내복과 같은 역할입니다. 달의 경우 낮 평균 기온이 섭씨 107도이고 밤 기온이 평균 섭씨 -153도입니다.

자세히 들여다보면 흡수와 발산의 조화는 놀랍도록 치밀하게 이루어집니다. 흔히 듣는 오존층이나 '온실 효과' 라는 말들이 모두 이 현상과 관련된 말들입니다. 대기 중에 있는 산소는 오존으로 바뀌면서 태양광선 중 자외선의 대부분을 흡수하여 지표면까지 전달되는 것을 막아 줍니다. 오존층이 없었다면 피부암 등을 일으키는 자외선을 우리는 고스란히 받았을 것입니다.

태양광선은 크게 자외선, 가시광선, 그리고 적외선으로 구성되어 있습니다. 태양광선 중 우리가 느끼는 따스한 열기의 절반은 적외선으로부터 옵니다. 대기 중에 있는 수증기와 이산화탄소는 태양광선 중 적외선을 흡수합니다. 대기 바로 바깥에 도달한 태양광선에 들어 있던 적외선 가운데 대략 절반 정도가 지표에 도달합니다. 지표면과 그 위에 살고 있는 많은 생명체는 이렇게 받아들인 적외선의 28퍼센트를 되돌려 발산합니다.

만일 대기 중에 수증기나 이산화탄소가 없다면 이렇게 발산된 적외선이 우주 공간으로 방출되겠지만 이들이 있어서 이를 다시 흡수함으로써 지표면은 온실 안에 있는 것처럼 열기를 보존할 수 있습니다. 바로 이러한 현상이 온실 효과입니다. 이 효과는 인간이 살아가기 위해 아주 중요한 자연 현상입니다.

문제는 대기 중에 있는 이산화탄소의 양이 날이 갈수록 증가한다는 것입니다. 현대인의 삶은 석유나 석탄 같은 화석 연료를 연소해 나오는 에너지에 크게 의존합니다. 화석 연료가 연소할 때는 반드시 이산화탄소가 발생합니다.

지구의 역사가 시작된 뒤로 산업 혁명 시기까지 대기 중 이산화탄소 농도는 줄곧 270피피엠 미만이었지만 18세기 말부터 지금까지 대략 200년 동안 갑자기 늘어나 2009년에는 383피피엠 정도가 되었습니다. 이처럼 증가한 이산화탄소는 지표면이 발산한 복사

열을 더 많이 붙잡아서 지구 지표면의 온도가 조금씩 증가합니다. 이것이 바로 '지구 온난화'입니다.

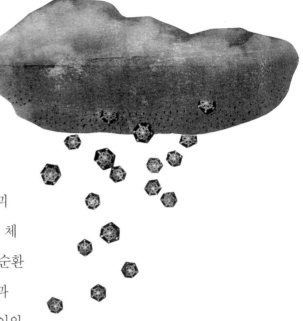

이렇게 계속 가다가는 인류가 멸망하거나 지구가 파괴될 수도 있습니다. 지구라는 체계 속에서 자원이 생성되고 순환하는 일 그리고 지구 지표면과 대기 및 대기 바깥 공간 사이의 상호 반응과 조화는 인간의 힘과 의지를 뛰어넘는 일들입니다.

물론 인간은 지구 온난화를 막기 위해, 발생한 이산화탄소를 붙잡아 모으는 기술을 개발하거나, 이산화탄소가 발생하지 않는 대체 연료를 개발할 수 있습니다. 이러한 일들 역시 아주 중요합니다. 하지만 이러한 일들로 파국을 근본적으로 극복할 수 없습니다.

오히려 우리는 이러한 상황을 앞에 두고 '왜 탐구를 해야 하는가?'를 가만히 생각해 보아야 합니다. 자연과 지구라는 체계에 대한 과학 탐구를 통해 우리가 그 체계 속에서 어떤 위치에 있는 존재들인지 알게 되었습니다. 우리가 그 체계에 어떤 나쁜 영향을 미치고 있는지 또한 분명히 알게 되었습니다. 그리고 그 체계 속에서 어떻게 행동하는 것이 최선인지에 대해 여러 가지 힌트를 얻었습니다.

즉 우리에게 과학 탐구는 이러한 파국을 가져온 원인이 무엇인지 분석하고, 그 파국을 방지하기 위해 무엇을 해야 하는지 알려 주는 역할을 하는 것입니다.

지구 온난화를 막기 위해 여러 나라가 참여한 교토 의정서 체결에 실상 지구상에서 가장 많은 이산화탄소를 배출하고 있는 미국은 동의하지 않았습니다. 대신 미국은 많은 돈을 들여 지금과 같은 규모의 문명을 유지하거나 더 나아가 확장하면서도 지구 온난화 문제를 해결할 기술을 개발하는 데 힘을 기울이고 있습니다.

하지만 저는 이러한 모습이 자연을 자기 마음대로 지배하거나 관리할 수 있다는 인간의 오만을 보여 주는 좋은 예라고 생각합니다. 이러한 오만은 그간의 탐구하기가 우리에게 알려 준 중요한 사실을 무시하고 있습니다.

"자연의 법칙은 인간이 발명한 것이 아니라, 자연에 의해 인간에게 주어진 것이다."

막스 플랑크라는 독일 물리학자의 말입니다.

탐구하기는 인간 외부에 존재하는 자연의 존재를 밝혀 줍니다. 자연은 인간이 어떤 형태로 감각하고 분석하였기 때문에 그 모습으로 존재하는 것이 아니라 자신의 원칙과 법칙에 따라 존재합니다. 탐구하기는 자연이나 지구라는 체계에서 인간이 지니는 위치와 그 의미를 밝혀 보여 줌으로써 우리가 세상을 바라보는 관점을 바꾸어 줍니다. 즉 인간 중심이 아니라 자연이나 지구라는 체계를 중심으로 바라볼 수 있도록 해 줍니다.

지구라는 규모에서 보자면 인간은 아주 작은 일부에 지나지 않습니다. 생태계 내의 다른 생명체들이나 지구를 구성하는 많은 물질들과 올바른 관계를 유지하며 살아야 하는 일부일 따름입니다.

따라서 지구 온난화와 같은 위기를 앞에 두고서 우리는 지구라는 체계 속에서 인간이 지닌 권리와 의무가 무엇인가에 대해 끊임없이 묻고 답해야 합니다. 인간이 만물의 영장이기 때문에 온 지구의 자

● **막스 플랑크**(1858~1947)

독일 출신 물리학자인 막스 플랑크는 양자 이론의 창시자로 알려져 있습니다. 그는 어려서부터 음악에 재능이 뛰어났습니다. 하지만 대학에 입학할 무렵 그는 음악 대신 물리학을 공부하기로 마음먹었지요. 뮌헨 대학 물리학과의 필리프 폰 욜리 교수는 그러한 결심을 한 막스 플랑크에게 "물리학 분야에서 거의 모든 것이 이미 발견되었다. 남은 것은 얼마 안 되는 구멍을 메우는 일 뿐이다."라고 충고를 합니다.

('과학자 작은 사전(127쪽)' 에서 이어집니다.)

원과 생명체들을 무한한 권리를 가지고 이용하고 써 버릴 수 있다는 생각은 지금껏 밝혀 온 과학 탐구와 거리가 멀고 더 나아가 반대되는 것입니다.

● 교토 의정서

2005년 시민 단체들이 미국의 교토 의정서 비준을 촉구하고 있다.

1992년 브라질의 리우데자네이루에서 지구 온난화를 막기 위해 유엔의 주도로 기후 변화 협정이 맺어졌습니다. 하지만 별 구속력이 없는 이 협정만으로는 지구 온난화와 관련된 규제 가 이뤄지지 않았습니다. 그래서 1997년 일본의 교토에서 협정을 수정했는데 바로 그 수정안 을 교토 의정서라 합니다. 의정서에 동의한 국가들은 이산화탄소 등 지구 온난화와 관련 깊은 6가지 가스의 배출량을 줄이기로 약속하고, 이를 안 지키는 나라에 대해서는 다른 나라와의 무역에서 불이익을 받도록 하였습니다.

그런데 미국은 이러한 교토 의정서의 비준을 거부하였습니다. 교토 의정서와 관련하여 미국 의 입장을 대변하던 할런 왓슨 박사는 이렇게 이야기했습니다. "환경 문제에 대해 단기적인 조치의 필요성은 인정하지만 미국과 전 세계의 경제 성장을 유지하는 것도 중요하다고 생각 하고 있다.""환경 문제에 있어 경제 성장은 문제가 아니라 오히려 해결책이며 장기적으로 온

교토 의정서를 대체할 협약 마련을 위해 2009년 덴마크 코펜하겐에서 제15차 유엔 기후 변화
협약 당사국 총회가 열렸다.

실가스를 줄이는 신기술 개발을 통해 문제를 해결할 수 있다고 본다.”

그의 이야기를 정리하자면 환경보다는 경제가 우선이며, 경제가 성장하면 환경 문제를 해결
할 수 있는 신기술 개발이 가능해 결국 문제를 해결할 수 있다는 것입니다. 이러한 주장은 문
제가 있습니다. 첫째, 자연이나 생태계의 파괴는 어느 수준을 넘어서는 순간 다시 회복될 수
없습니다. 자연의 자정 능력은 인간이 저지르는 파괴가 어느 수준을 넘어서면 작용할 수 없
으니까요. 둘째, 이 주장에는 과학 기술이 모든 것의 해결책이라는 지나친 믿음이 담겨 있습
니다. 과학 기술의 주된 역할은 인간과 자연에 대해 올바르게 이해하고 제대로 된 관계를 맺
기 위한 방도를 알아내는 것입니다. 과학 기술로 자연의 자정 능력을 뛰어넘을 수 있다는 믿
음은 인간의 오만한 착각일 따름입니다.

사라져 버린 호기심,
잃어버린 질문

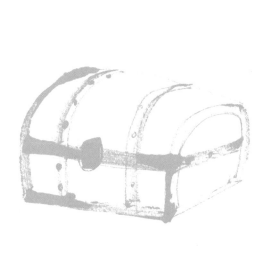

우리는 질문하고 있는가

우리는 탐구하기를 통하여 참으로 소중한 것들을 깨달을 수 있습니다. 하지만 우리는 탐구하는 것을 얼마나 소중하게 여기고 있나요?

앞서 탐구하기는 질문하기라고 했습니다. 질문이 있어야 우리는 탐구하기라는 여행을 떠나는 문을 열 수 있습니다. 그런데 언제부턴가 차츰 호기심을 잃어 가고 있지 않나요? 아주 어릴 적 품었던 많은 질문은 이제 다 어디로 가 버린 걸까요? 왜 우리는 질문하는 법을 잊어버렸을까요?

이 사실에 동의하기 힘들다면 얼마나 자주 주변의 사물들에 눈길을 주는지 한번 생각해 보십시오. 담벼락을 기어가는 개미, 먼 하늘의 구름과 바람, 햇빛에 반짝이는 플라타너스 잎사귀들, 밥상 위의 음식들, 따스한 나의 체온, 반쯤 눈이 감기는 졸음, 도화지 위로 칠해지는 여러 가지 색깔, MP3 플레이어로 들리는 유쾌한 음악 소리, 인터넷 통신과 전략 게임, 도로를 가득 메운 자동차들, 하늘에서 내려오는 빗줄기, 전력 질주한 뒤 쿵쾅거리던 심장의 박동 소리, 쉼 없이 변하는 달의 모습……

우리를 둘러싼 세상은 늘 분주합니다. 어떤 법칙과 섭리를 따라 늘 변화하고 늘 서로서로 관계를 맺습니다. 그런데 우리는 놀랍게도 이러한 세상에 참 무관심합니다. 그 이유가 무엇일까요?

점수를 따기 위해 탐구를 한다면?

우리는 학교나 학원에서 참 많은 지식을 익히고 받아들입니다. 앞서 지식은 탐구의 지도와 같다고 이야기했습니다. 지식이 없다면 아무리 호기심이 많은 사람이라 해도, 아무리 상상력이 풍부한 사람이라 해도, '탐구하기'라는 여행에서 길을 잃어버리기 십상입니다.

지식이 풍부할수록 더 멀리 그리고 더 빨리 새 길을 찾아갈 수 있겠지요. 하지만 남들보다 더 높은 점수를 따기 위해 지식을 익힌다면 어떨까요?

물론 적절한 경쟁을 통해 지식을 익힌다면 혼자서 지식을 익히는 것보다 더 쉽고 효과적으로 지식을 자기의 것으로 만들 수 있습니다. 하지만 지식을 익히는 목적이 잘못되었다면 아무리 많은 지식을 얻는다 해도 죽은 지식이 되기 쉽습니다.

지식은 탐구를 위한 지도와 같아서 어떤 지식을 익힐 때에는 그 지식을 통해 다른 지식을 향해 나아갈 준비가 되어 있어야 합니다. 하지만 많은 경우 우리는 특목고를 가거나 수능 시험 점수를 잘 받기 위해 지식을 얻으려 합니다.

이 이야기는 점수 따기에 여념이 없는 중고등학생들에게만 해당되는 것이 아닙니다. 취업 시험 준비를 하는 대학생들이나, 심지어 논문이나 특허와 같은 성과 올리기에 몰두한 대학 교수에게까지 한결같이 적용되는 이야기입니다.

이렇게 점수를 따고 성과를 올리기 위해 얻은 지식은 우리 마음 안에서 질문을 불러오지 않습니다. 지식을 더 많이 알고 있다고 해서 호기심이 더 생기지도 않고, 상상을 더 많이 하지도 않습니다. 다른 질문을 불러일으키지 못하는 지식은 죽은 지식입니다. 지식이 여행을 떠나는 탐구자의 지도로 쓰이지 못하고 집 안을 장식하는 고가의 사치품이 되어 버린 것입니다.

죽은 지식은 더 나아가 살아 있는 질문을 하지 못하도록 가로막는 권력이 되기도 합니다. 프톨레마이오스 이후 1400년간 이어져 오던 천동설의 예가 그 사실을 잘 보여 줍니다. 천동설은 인간이 살고 있는 지구가 전 우주의 중심이라는 믿음을 지키기 위해 이용되었습니다. 즉 기나긴 중세의 시간 동안 '인간을 위해 신이 창조한 지구'가 당연히 전 우주의 중심이라는 기독교적 가치관을 굳건히 하기 위해 사용되었습니다.

실험과 관찰을 통해 이 지식에 대해 의심하고 질문하기 위해서는 참으로 큰 용기가 필요했습니다. 코페르니쿠스, 갈릴레오, 브루노

등이 이 잘못된 지식 앞에서 살아 있는 질문을 하기 위해서 치른 대가는 참으로 컸습니다. 갈릴레오는 죽은 뒤 교황청의 반대로 공식적인 장례도 치르지 못했으며, 브루노는 자신의 주장을 굽히지 않다가 끝내 종교 재판을 받고 화형을 당했습니다.

지식은 끊임없이 질문을 일으키는 길잡이로서 쓰일 때 살아 있을 수 있습니다. 살아 있다는 것은 늘 변화한다는 것을 뜻합니다. 탐구를 할 때에만 이전 지식의 잘못된 점이나 부족한 점이 바로잡히고 더 정확하고 바르게 변화할 수 있습니다. 질문을 하는 것은 지식이 살아 있기 위해 호흡을 하는 것과 같습니다. 질문은 지식의 이전 내용을 의심하고 부정하도록 하는 첫걸음이기 때문입니다.

따라서 질문이 끊기면 지식은 곧 생명을 잃습니다. 그러한 지식은 변화할 수 없습니다. 중세는 이처럼 변화하지 않는 지식, 곧 죽어 있는 지식을 마치 절대적 진리인양 여겼던 시대입니다. 중세 때 지식이 생명을 잃게 된 까닭은 종교의 권위와 신념을 지키는 데 지식이 쓰였기 때문입니다.

그런데 중세에만 이러한 일들이 있었던 것일까요? 종교의 자리에 점수나 성과 또는 돈이 자리 잡고 있다면 어떨까요?

돈이 되는 질문, 돈이 안 되는 질문

우리는 돈을 많이 버는 것이 참으로 중요한 시대에 살고 있습니다. 그렇다 보니 탐구를 하는 데에도 돈이 아주 중요한 기준이 됩니다. 국가나 기업이 나서서 돈이 될 만한 탐구 주제에 지원을 하기도 합니다.

몇 년 전 황우석 박사의 줄기세포 사건으로 나라가 떠들썩했습니다. 그 당시 줄기세포를 다루는 과학자들은 그 연구를 통해 불치병을 고치고 막대한 돈을 벌어들일 수 있다고 이야기했습니다.

황우석 박사는 이러한 가능성을 자신의 연구팀이 세계 최초로 열어 보였다고 주장하였지만, 그 연구팀이 『사이언스』에 발표한 논문에 담긴 데이터들 가운데 많은 부분이 조작되거나 애초에 없던 데이터를 만들어 넣은 것으로 밝혀져서 논문이 취소되고 관련자들이 법정에 서게 되었지요.

이 사건을 지켜보면서 놀란 사실 하나는 이 연구에 국가와 기업이 천문학적인 액수의 지원금을 아주 오랜 기간 동안 제공하였다는 것입니다. 그렇게 지원했던 까닭은 이 연구가 앞으로 벌어들일 돈의 액수가 어마어마하다는 계산 때문이겠지요. 그런데 국가가 연구에 지원할 수 있는 돈은 한정되어 있습니다. 따라서 이 연구에 그처럼 막대한 지원이 이뤄졌다면 다른 연구에는 지원이 제대로 이뤄지지 못했으리라고 짐작됩니다.

이처럼 돈이 되는 연구만을 지원하여 탐구할 기회를 준다면 중대한 문제가 발생합니다. 하나는 탐구로 얻은 지식이 어떤 개인이나 특정 집단의 소유가 되기 쉽다는 점입니다. 다른 하나는 인간과 주변 세계 사이의 관계를 올바르게 이해하고 정립하기 위해 탐구하는 것이 아니라 더 많은 돈을 벌기 위해 탐구한다는 점입니다.

모두들 그러하니 어쩔 수 없지 않느냐고 생각할지도 모르겠습니다. 하지만 모든 사람이 돈이 되어야만 탐구를 하지는 않습니다.

영국의 과학자 세자르 밀슈타인은 단일클론항체 만드는 방법을 찾아내어 노벨상을 받았습니다. 저는 그와 6개월 동안 같은 연구소 비좁은 3층에 서로 마주 보이는 실험실에서 연구를 하는 행운을 맛보았습니다.

● 세자르 밀슈타인(1927~2002)
아르헨티나 태생의 생화학자였던 밀슈타인은 독재 치하의 정치적 억압을 피해 영국 케임브리지로 오게 됩니다. 그곳에서 프레더릭 생어라는 스승을 만나고 그의 권유에 따라 면역학으로 전공을 바꿉니다. 면역학의 핵심 연구 주제 중 하나는 '항체를 만드는 B세포가 어떻게 발생되는가?'입니다. 밀슈타인은 평생에 걸쳐 이 주제를 연구했습니다.

('과학자 작은 사전(129쪽)'에서 이어집니다.)

밀슈타인은 꼭지 부분에 두꺼운 천을 대고 꼼꼼하게 꿰맨 우산을 들고 다니곤 했습니다. 어느 날 엘리베이터를 같이 타며 그 우산을 유심히 보니 낡긴 했지만 흠 하나 없이 고치고 고친 흔적이 보였습니다. 불현듯 그 우산이 30년 넘게 같은 주제로 외길 연구를 하는 그와 닮았다는 생각이 들었습니다. 일흔다섯에 세상을 떠나기 한 주 전까지도 그는 실험실에 나와 두 사람의 연구원과 함께 실험을 했습니다.

어떤 분야의 연구 발표가 있건 간에 밀슈타인은 늘 맨 앞자리에 앉아 꼭 몇 가지의 질문을 던졌습니다. 자신의 연구와 거리가 먼 분야라도 말이지요. 그 모습에서 과학에 대한 지칠 줄 모르는 호기심과 애정을 느낄 수 있었습니다.

밀슈타인이 발견한 단일클론항체 제조 방법을 특허로 출원했다면 그 대가로 1년에 수천억이 넘는 돈을 거머쥘 수 있었을 것입니다. 하지만 그는 오히려 특허로 출원되지 않아 얼마나 다행인지를 여러 차례에 걸쳐 저와 우리 동료들에게 말하곤 했습니다.

그는 특허가 탐구자의 발견이나 발명을 누군가가 가로채지 못하도록 보호해 주기도 하지만 이제는 과학자들이 순수한 탐구 정신에 따라 무엇을 탐구하기보다는 특허감이 될 것인가 또는 어떤 이득을 얻을 수 있는가를 먼저 고민하게 되었다고 안타까워했습니다.

탐구의 맨 앞줄에 선 과학자들이 호기심과 상상력에 힘입어 창의

적인 질문을 던지고 그 답을 찾는 일에 힘쓰는 일이 점점 어려워지고 있다는 것입니다. 특허감이 못 되거나 돈이 될 성싶지 않은 질문은 아무리 궁금하더라도 마음에서 지워 버리게 된 것이지요.

하지만 돈이 되지 못한다고 그 질문이 값없고 무의미한 것이 아닙니다. 미생물학의 아버지인 루이 파스퇴르는 이런 말을 했습니다.

"아니에요. 천 번을 말해도 아닙니다. 세상에는 응용과학이란 없습니다. 과학이 존재할 뿐이고 그것의 응용이 있을 따름입니다."

아주 뜻깊은 이야기입니다. 많은 사람이 응용과학의 중요성을 강조하며 투자하고 지원해야 한다고 말합니다. 돈이 되기 때문이지요. 하지만 파스퇴르의 말처럼 그것은 큰 오산이자 착각입니다.

● **루이 파스퇴르**(1822~1895)

파스퇴르는 평생에 걸쳐, 감염 질환을 일으키는 원인이 다름 아닌 박테리아나 바이러스 같은 미생물임을 밝히고, 그것을 예방하거나 치료하기 위한 방법을 찾기 위해 애썼습니다. 그는 다섯 명의 아이들 가운데 둘을 장티푸스로 잃었습니다. 이러한 비극을 딛고, 치밀하고 치열한 탐구를 통해 훗날 숱한 생명을 살리는 연구 결과들을 얻었습니다.

('과학자 작은 사전(125쪽)'에서 이어집니다.)

과학이 있습니다. 인간의 역사가 시작된 이후 끊이지 않고 이어져 온 탐구의 역사가 있습니다. 호기심과 질문의 역사입니다. 우리 인간과 그를 둘러싼 주변 세계를 향해 던진 무수한 질문에 대한 역사가 있습니다. 바로 과학의 역사입니다. 그러한 과학이 만들어 낸 지식을 인간은 다시 생활에 응용할 따름입니다. 마치 나무를 심고 열심히 가꾸다 때가 되면 열매를 따 먹는 것과 같습니다.

그런데 열매 따 먹는 데에 온 마음을 다 빼앗겨서 나무를 심고 가꾸는 일을 저버린다면 얼마나 어리석은 일입니까? 그런 사람이 할 수 있는 일이라고는 남이 심고 길러 놓은 나무에 열린 열매를 몰래 훔쳐 먹는 일밖에는 없겠지요.

자연에 길들여지기

그렇다면 우리는 질문을 어떻게 되찾을 수 있을까요? 제 생각을 얘기하기 전에 그림 이야기를 하나 하겠습니다.

저는 네덜란드 화가 요하네스 페르메이르의 그림을 좋아합니다. 「진주 귀걸이를 한 소녀」라는 그림으로 유명하지요. 그의 그림에 나오는 사물들에는 그 사물의 고유한 물성이 잘 묘사되어 있습니다. 물성이란 그 물질이 가지고 있는 성질을 말합니다.

예를 들어 「우유 따르는 하녀」라는 그림을 잘 들여다보면, 항아리에서 주르륵 흘러나오는 우유의 혼탁도와 점도가 어쩌면 그리도 잘 묘사됐는지 모릅니다. 「레이스를 뜨는 여인」이라는 그림에서는 앞부분에 나오는 빨간 실타래가 인상적입니다. 그림을 보고 있자면 레이스용 실타래 고유의 탄성도를 느낄 수 있습니다. 또한 「그림의 알레고리」라는 그림을 보면 맨 앞에 휘장처럼 드리워진 커튼과 그림을 그리는 화가가 입고 있는 검은색 옷의 재질이 완전히 다르게 묘사되어 있습니다.

페르메이르의 그림을 보다 보면 모든 사물에는 고유한 물성이 있다는 사실이 새롭게 다가옵니다. 그리고 그가 그림에 담은 사물들을 얼마나 오랫동안 끈기 있게 관찰하였는지 짐작할 수 있습니다. 사물을 끈기 있게 관찰하는 자만이 그 사물

우유 따르는 하녀(위)와 부분 그림(아래)
우유, 항아리, 빵, 바구니, 천 등 각 사물의 특성이 아주 잘 묘사되었음을 알 수 있습니다.

레이스를 뜨는 여인
오랜 관찰과 애정이 없었으면
이런 정밀한 묘사와 빛과 색의
오묘한 조화를 표현하기 어려웠
겠지요.

의 물성을 바로 깨우칠 수 있기 때문입니다.

구상화를 그릴 때 가장 첫 출발점은 당연히 그리고자 하는 대상의
모습을 정확하게 아는 일입니다. 다시 말해 어떤 대상이 있기 때문
에 그림이 그려질 수 있습니다. 상상 속에서 그 대상의 모습을 뒤바
꾸어 놓을 때조차 원래 대상의 모습을 정확히 알지 않으면 안 됩니
다. 원래의 모습, 있는 그대로의 모습, 그 모습이 보여 주는 각양각
색의 특성을 알지 못한다면 그 대상을 이해하고 표현하는 일은 불가
능합니다.

페르메이르가 사물을 관찰하고 그림을 그리는 과정을 상상해 보면 프랑스 작가 생텍쥐페리가 쓴 『어린 왕자』라는 작품이 떠오릅니다. 『어린 왕자』를 읽다 보면 '길들여지기'에 관한 이야기가 나옵니다.

길들여진다는 게 뭔지 어린왕자가 묻자 여우는 대답합니다.

"그건 '관계를 맺는다'는 뜻이야."

서로가 서로를 길들임으로써 상대가 이 세상에 오직 하나밖에 없는 존재라는 사실을 깨닫게 되는 것이라고 덧붙입니다. 그리고 길들여지기 위해서는 참을성이 필요하다고 얘기합니다. 길들여지고 길들이기 위해서는 시간이 필요하기 때문이지요. 그리고 여우는 어린 왕자에게 한 가지 비밀을 털어놓지요.

"가장 중요한 것은 눈에 보이지 않고 마음으로만 볼 수 있다."

페르메이르가 그림 속의 사물들과 맺는 관계는 일종의 '길들여지기'가 아니었을까요? 그는 오랜 시간 참을성 있게 그 사물들을 바라보았을 것입니다. 관찰과 탐구, 그리고 많은 질문을 던지고 답하면서 사물의 물성을 하나둘씩 깨달았을 것입니다.

사실 그러기 위해 필요한 것이 있지요. 다름 아닌 관찰과 탐구의 대상에 대한 애정입니다. 처음부터 깊은 애정을 가지고 있었기에 관찰과 탐구를 하는 경우도 있을 테지만, 많은 경우 참을성 있는 관찰과 탐구를 거듭하던 중에 그 대상에 대하여 애정이 생기고 깊어집니다.

우리가 살아가면서 우리 자신과 우리 주변에 있는 자연에 대해 질문을 하는 것도 마찬가지입니다. 페르메이르의 눈이 그의 그림 속 사물들에 길들여졌듯이, 어린 왕자가 그의 장미꽃에게 길들여졌듯이, 참을성 있는 관찰과 보살핌을 통해 우리 역시 자연에 길들여질 수 있습니다. 그러면서 우리가 살고 있는 세상의 많은 사물에 애정을 가질 수 있습니다. 또 그렇게 애정이 생겨나면 우리에겐 더 많은 질문이 생길 것입니다.

지금 시간이 있다면, 아니 시간이 없다 하더라도 잠시 밖으로 나가 하늘을 따라 흘러가는 구름을 물끄러미 바라보십시오. 구름을 이루고 있는 물은 이 지구의 나이만큼이나 많은 나이를 먹었습니다. 아마 몇 해 전 내가 내뿜은 날숨 속에 들어 있던 습기가 증발하여 저 구름의 일부가 되었는지도 모릅니다. 얼마 후 저 구름은 비가 되어 내릴 테고 그 비 가운데 일부는 다시 여러분 몸의 일부가 될 것입니다.

아니면 여러분 학교나 아파트 정원에 자라고 있는 사철나무나 진달래 잎사귀를 가만히 들여다보십시오. 그 잎사귀에 난 잎맥은 그 식물들이 자라는 데 필요한 물과 양분을 운송하는 관다발입니다. 그 관들을 따라 흐르는 물질들이 여러분과 얼마나 밀접한 관계가 있는지는 앞서 말한 바 있습니다.

우리는 구름과 식물의 관다발을 비롯한 자연에 대한 지식을 익히기 위해서 대부분의 시간을 학교나 학원의 교실에서 보내고 있습니다. 하지만 그 지식만으로 여러분 앞에 놓인 자연에 길들여지기는 정말 어렵습니다. 그 지식만으로 마음속으로부터 질문이 샘솟듯 흘러나오는 것 역시 어렵습니다.

자연을 직접 눈으로 보고, 코로 냄새 맡고, 귀로 듣는 일은 무척이나 중요합니다. 씨앗을 직접 땅에 심어 보지 못한 사람은 언제 새순이 나오는지, 무엇을 주어야 하는지, 어떻게 해야 새순이 나오는지 알 수 없습니다.

따라서 자연에 길들여지고 싶은 사람이 있다면, 자연을 탐구하고 싶은 사람이 있다면, 그 자연과 좀 더 자주 만나고 친해져야 합니다. 자연을 자주 접하고 애정을 가질 때 이런저런 질문들을 던지게 되고 탐구자의 대열에 설 것입니다.

지식의 껍질 벗기기

많은 지식을 지니고도 아무런 질문이 나오지 않는다면 그 지식의 껍질을 벗겨 속살을 보아야 합니다. 무슨 말이냐고요? 내가 알고 있는 지식이 내 삶이나 일상생활과 얼마나 관련 깊은지 껍질을 벗겨 살펴보라는 뜻입니다.

예를 몇 가지 들어 보겠습니다. 혹시 하늘이 파란 이유를 아십니까? 하늘이 파란 이유는 그 안에 산소를 포함한 공기를 이루는 여러

기체 입자가 있기 때문입니다. 영국의 레일리 경은 오랜 탐구를 통해 태양으로부터 나온 빛의 입자가 지구 대기에 있는 기체 입자들에 부딪쳐 산란되는 과정을 통해 파란색을 띤다는 사실을 밝혀냈습니다. 바로 이것이 '레일리 산란 현상'입니다.

이런 지식을 배우고도 머릿속 창고에만 넣어 둔 채 아무런 감흥이 없다면 한번 곰곰이 생각해 보기 바랍니다. 하늘이 파랗다는 것은 그 안에 우리가 들이마실 산소를 포함한 공기가 가득 차 있다는 뜻입니다. 공기가 없다면 우리는 단 1분 이상을 버티지 못하고 죽을 수밖에 없습니다. 지구의 중력은 이러한 공기를 적어도 상공 100킬로미터까지 붙잡고 있을 만치 강력합니다.

● 존 윌리엄 스트럿 레일리 경(1842~1919)
'경'이라는 호칭에서 알 수 있듯이 레일리 경은 영국의 전통적인 귀족 가문에서 태어나 작위 세습권을 가지고 있던 사람입니다. 즉, 자신의 널따란 영지를 관리하고 하인을 부리며 살 수 있었지요. 하지만 그는 귀족의 편안한 삶 대신 탐구하는 삶을 택하였습니다. 그의 발견이나 연구 업적을 살펴보면 참으로 대단합니다.

('과학자 작은 사전(126쪽)'에서 이어집니다.)

중력이 지구의 6분의 1도 되지 않는 달에서는 대기의 두께가 무시할 정도로 얇습니다. 이러한 달에서는 레일리 산란 현상을 일으키는 대기 중의 기체 분자가 거의 없기 때문에 낮에도 하늘의 색깔은 까맣습니다. 달 위에서라면 우리는 숨 쉬기 위해 산소통을 메고 있어야 할 것입니다.

또한 지구 대기층에는 높은 농도의 산소가 존재합니다. 이는 태양계 행성 중 지구가 유일합니다. 지구의 대기 중에 산소가 많이 분포하는 것은 지구상에 사는 식물들 덕분입니다. 식물은 광합성을 하면서 이산화탄소를 산소로 바꾸어 놓습니다. 이처럼 지구 위에 있는 식물들이 만들어 놓은 산소를 지구는 중력으로 붙잡아 대기를 구성합니다. 그리고 그 산소를 포함한 기체 분자들에 빛의 입자가 부딪치며 눈부신 파란색의 하늘을 연출하게 됩니다.

다시 말해 식물들의 광합성과 지구 중력의 합작으로 우리는 숨을 쉴 수 있습니다. 그리고 그것을 보여 주는 아름다운 상징이 바로 파란 하늘입니다. 어떻습니까? 하늘이 이제 달라 보이지 않습니까? 가끔 이런 생각을 하며 하늘을 바라보면 저는 행복함을 느끼기도 합니다.

하늘 이야기뿐 아니라 앞에서 소개된 지식들 이를테면 물의 순환이나 물질의 순환 이야기 등도 이미 배우거나 들어 본 적이 있을 것입니다. 하지만 지식들에 담겨 있는 이야기를 우리와의 관계를 바탕

으로 사려 깊게 생각해 보지 않으면 분명 그 지식들은 두꺼운 껍질
에 싸여 죽은 듯 잠자코 있을 것입니다.

그래서 껍질 벗기기가 필요합니다. 이 지식이
여러분의 삶과 어떤 관계가 있는지를

곰곰이 생각해 보는 것이지요. 학교나 학원에서 배우는 여러 지식
도 이렇게 껍질을 벗겨 보면 세상과 그 가운데 살고 있는 여러분의
모습을 훨씬 투명하고 올바르게 볼 수 있습니다. 바로 그 과정에서
여러분은 잃어버렸던 질문들을 되찾을 수 있습니다. 그 모든 지식
에 담긴 이야기들이 여러분의 이야기이기 때문이죠.

질문의 보물단지를 뒤져 보자

우리의 일상은 사실 질문의 보물단지와도 같습니다. 일상 가운데 어느 것 하나 탐구하기와 관련이 없는 것이 없습니다. 하지만 우리는 왜 그럴까 질문을 던지지 않고 무심히 지나쳐 버립니다. 우리의 일상에 얼마나 신기한 일이 많은지 살펴볼까요?

어딘가에서 만들어진 전기가 흘러 집 안의 전등을 켜거나 MP3 플레이어 충전을 하고, 눈에 보이지 않는 전파를 통해 휴대폰이나 컴퓨터로 멀리 있는 누군가와 대화를 나누기도 하고, 사람의 힘보다 수천 배 센 엔진을 장착한 버스와 지하철을 타고 아침저녁으로 통학을 하며, 이 땅 어딘가에서 태어나 자라난 생명체들을 거두어 하루 세끼 식사를 하고 물을 마시며, 화석 연료의 산화물들이 날아다니는 뿌연 대지의 공기를 들이마시고, 수십억 년 순환하는 물로 된 비와 눈을 맞거나 흐르는 강물과 바다를 접하기도 합니다.

1년에 한두 번 감기에 걸리거나 가끔 어떤 병에 걸리기도 하고, 모르는 사이 머리카락과 손톱 발톱이 길고, 상처가 나서 곪았다가 다시 낫기도 하고, 하늘과 구름과 달과 별을 보고 바람이 스치는 것을 느끼기도 하고, 파리와 모기와 개미와 거미와 개나 고양이와 같이 살기도 하고, 꽃과 꽃가루와 낙엽을 보며, 기적처럼 늘 일정한 체온을 지니고 살아갑니다.

이 모든 일상과 그 현상의 배후에는 앞서 말했던 물질이나 사람을 포함한 자연의 법칙과 원리가 깔려 있습니다. 따라서 조금 더 애착을 가지고 우리의 일상을 지켜본다면 그 안에 숨어 있는 많은 질문을 찾아낼 수 있을 것입니다.

예를 들어 에너지에 대한 질문을 우리는 주변에서 아주 흔히 찾아볼 수 있습니다. 우리의 일상생활을 가능하게 해 주는 갖가지 힘들이 바로 에너지입니다. MP3 플레이어와 캠코더를 작동시키고, 전자레인지를 돌리고, 버스나 택시의 바퀴를 굴리고, 시곗바늘을 움직이는 힘. 이 힘은 우리를 스치는 바람이나 어느 봄날 흙을 헤집고 나오는 새싹이 지닌 힘 또는 계곡을 돌아 흘러가는 강물이 지닌 힘과 다르지 않습니다.

우리는 사실 온갖 종류의 힘에 둘러싸인 채 살아가고 있습니다. 모습은 다르지만 그 본질은 에너지라는 말로 표현될 수 있습니다. 우리의 일상에서 그 힘들은 이 모습이었다가 저 모습으로 바뀌기도 하고, 눈에 보이는 것이었다가 어느 순간 눈에 보이지 않는 것으로 바뀌기도 합니다. 눈에 보이지 않는 전기가 세탁기의 회전축을 우리 눈에 보이게 돌리기도 하고, 전자레인지 안에서 보이지 않게 진동하던 물 분자 덕택에 우리는 따뜻하게 데운 호빵을 먹을 수도 있습니다.

일상의 무수한 질문을 통해 껍질 벗긴 지식과 서로 만날 때 여러분은 좀 더 진지하고 깊이 있게 주위 사물들의 모습을, 그리고 여러 분의 모습을 돌아볼 수 있습니다.

● 기초과학과 응용과학

항체 공학을 연구하는 실험실의 모습이다.

기초과학은 물리학, 화학, 생물학 등과 같은 자연과학을 가리키고, 응용과학은 의학, 약학, 농학, 공학 등을 뜻합니다. 즉 개인의 생활이나 사회 활동에 응용되는 기술들과 연관된 과학을 응용과학이라 합니다. '응용과학이란 없다.'는 파스퇴르의 말은 과학을 두 부류로 나누고 별 상관이 없는 것처럼 여기는 세상의 풍조를 비판하는 말입니다. 그에 따르면 과학은 하나의 뿌리를 가지고 있고, 그 결과물들을 생활에 응용하려 하는 노력이 있을 따름입니다.

최근에 화학적으로 합성된 약재가 아닌 생물학적인 약재들이 각광받고 있습니다. 몇몇 항체 신약의 특허 기간이 끝나게 되면서 이를 대량으로 생산하여 돈을 벌 생각으로 2009년 우리나라에서도 아주 많은 연구비가 들어가는 연구가 시작되었습니다.

사실 항체 신약 개발을 위한 항체 공학이라는 분야는 세자르 밀슈타인의 연구가 없었다면

세자르 밀슈타인이 연구하던 영국 MRC-LMB의 전경이다.

존재할 수 없었을 겁니다. 세자르 밀슈타인은 거의 40년 동안 어떻게 우리 몸에서 항체가 만들어지는지 연구하였습니다. 그 과정에서 그는 단일클론항체를 만들어 내는 방법을 최초로 개발하였습니다. 생물학 실험실 중 이 기법을 써서 만들어진 항체 튜브가 없는 실험실은 단언컨대 없을 것입니다. 그레그 윈터라는 그의 제자는 유전자 재조합 항체를 만드는 법을 최초로 발표하였습니다.

이 기술들은 항체 신약을 만드는 핵심 기술들입니다. 군이 구분하여 말하자면 응용과학의 일종이지요. 그런데 이러한 연구는 인간의 몸에서 항체가 만들어지는 과정에 대한 세자르 밀슈타인의 기초적인 연구가 없었다면 존재할 수 없습니다. 파스퇴르의 지적처럼, 항체에 대한 면역학의 기초 연구를 항체 공학이라는 응용 연구와 나누어서 돈벌이가 되는 항체 공학만을 지원하겠다는 생각은 잘못된 생각입니다.

탐구의 비밀, 발견하는 기쁨

아는 것과 발견하는 것

질문하기란 거창한 일이 아닙니다. 과학자 같은 전문가만 할 수 있는 일도 아닙니다. 하지만 우리는 '질문하기' 또는 '탐구하기'라는 말을 들으면 뭔가 특별하고 복잡하며 어렵다고 여깁니다. 탐구하기는 하나도 즐겁지 않을뿐더러 오히려 떠올리기 부담스러운 주제가 됩니다. 이래서는 질문이 자연스럽게 나오지 않습니다. 다시 말해서 탐구하기가 주는 즐거움을 되찾지 않고서 우리는 잃어버린 질문을 되찾을 수 없습니다.

"진정한 즐거움은 어떤 사실을 아는 것으로부터가 아니라 그것을 발견하는 것으로부터 나온다."

「아이 로봇」이라는 영화의 원작자인 아이작 아시모프가 한 말입니다. 이 말을 듣고 "아는 것과 발견하는 것이 뭐가 다르지?"라는 의문이 들지도 모르겠습니다.

우리는 보통 원리와 법칙이 담긴 지식을 배웁니다. 열심히 공부하여 그 지식을 이해하고 외우면 그 지식에 담긴 사실을 알게 되었다고 말합니다. 반면 발견하는 것은 그 원리와 법칙이 주위 사물들이

나 경험하는 사건들 속에서 구체적으로 드러나는 것을 깨닫는 것을 말합니다. 어떤 지식을 여러분의 세계 속에서 직접 보고 느끼고 체험할 때 여러분은 그 지식에 담긴 사실을 발견하게 됩니다.

저는 바다에 처음 갔던 때를 지금도 기억합니다. 물론 그 전에도 책이나 텔레비전을 통해 바다에 대해 알고 있었습니다. 하지만 처음 본 바다는 끝이 없었고, 눈이 부시게 푸르렀습니다. 바다는 단지 바닷물이 모여 있는 것 이상의 무엇이었습니다. 넘실거리는 파도 그리고 바다 쪽에서 불어오던 바람을 통해 저는 바다에 가득 찬 어떤 힘을 느꼈습니다.

이처럼 몸으로 느끼기 전까지 바다의 참모습을 알았다고 하기 힘들겠지요. 해수욕을 하며 바닷물이 짜다는 사실을 깨닫게 되고, 물살에 몸을 부딪쳐 보고서야 그 위력을 실감할 수 있습니다. 바다를 발견하는 것은 이처럼 직접 보고 느끼고 체험하는 것을 통해 가능합니다.

별똥별이나 무지개를 처음 본 순간도 마찬가지였습니다. 현미경을 통해 처음으로 사람의 세포를 들여다본 순간 역시 저는 발견을 통한 경이로움과 기쁨을 느꼈습니다. 책을 통해 배워서 알고 있는 것을 뛰어넘는 깨달음으로부터 나온 것이었습니다.

뉴턴의 발견과 식혜의 공통점

발견이란 말을 듣고 가장 먼저 떠올리는 예가 몇 있습니다. 사과나무에서 사과가 떨어지는 것을 보고 만유인력의 법칙을 발견한 뉴턴, 또는 목욕탕에서 부력을 발견하고 유레카를 외친 아르키메데스, 뱀이 자기 꼬리를 문 채 돌고 있는 꿈을 통해 벤젠의 구조를 발견한 케쿨레의 예가 있지요. 그런데 이러한 예들을 떠올릴 때 주의해야 할 점이 있습니다.

첫째는 이러한 발견이 어느 날 우연히 이뤄진 것이 아니라는 사실입니다. 발견이 있기 전까지 앞서 말한 과학자들은 아주 오랫동안

● 프리드리히 아우구스투스 케쿨레(1829~1896)
케쿨레는 자신과의 대화, 그리고 주변 동료 과학자들과의 대화에 아주 능했던 사람인 것 같습니다. 그는 두 번의 꿈에서 '분자 구조식' 및 '벤젠 사슬 구조'에 대한 아주 중요한 실마리를 얻었습니다. 런던에서 연구를 하던 중 절친한 동료 과학자인 휴고 뮐러의 집에서 오랜 시간 화학 연구에 대한 얘기를 나누다 막차를 타고 집으로 돌아오는 길에 깜박 잠에 빠졌습니다. 그때 분자 구조식을 떠올리게 해 준 꿈을 꾸었습니다.

('과학자 작은 사전(125쪽)'에서 이어집니다.)

많은 관찰과 실험을 하면서 머릿속으로 발견과 관련된 생각을 곰곰이 하고 있었습니다.

뉴턴은 생각에 너무 깊이 잠겨 있다가 자기도 모르는 사이, 끓는 물속에 달걀 대신 회중시계를 집어넣기도 했지요. 그가 자신의 관찰과 실험에 얼마나 골몰했는지를 짐작하게 해 주는 일화입니다. 발견을 위한 준비를 하고 있었던 것이지요.

둘째는 이들의 발견처럼 위대하고 거대한 것만 발견은 아니라는 점입니다. 이들의 발견은 과학사에 길이 남을 것들입니다. 하지만 우리 일상 속에도 이에 견줄 만한 발견들이 있습니다.

우리의 전통 음식인 식혜로 한번 생각해 볼까요? 과학자로서 식혜를 만드는 과정을 세밀하게 살펴보면 아주 잘 짜인 과학 실험 여럿을 이어 붙인 듯한 인상을 받습니다.

식혜를 만드는 데 쓰이는 엿기름은 겉보리의 싹을 틔워 만듭니다. 겉보리의 싹을 틔우기 위해서는 겉보리를 찬물에 3~4일 정도 담가 두어야 합니다. 뿌리가 나오고 싹의 크기가 겉보리 크기의 1~1.5배 정도가 될 때 물에서 건져 물기를 빼고 겨울 볕에서 차갑게 말립니다. 잘 마른 엿기름을 물에 잘 우려 엿기름물을 만들고, 여기에 잘 익은 밥을 섞어 10시간 남짓 삭힙니다. 삭힐 때는 밥과 섞인 엿기름물을 아랫목에 두고 이불을 덮어 놓습니다.

이 모든 과정은 우리 조상들의 오랜 체험과 발견의 과정을 통해 체득한 것들입니다. 식혜를 만드는 엿기름에는 알파-아밀라아제와 베타-아밀라아제라는 효소가 들어 있습니다. 이 효소들은 녹말과 같은 거대 분자를 다당류로 자르거나 다시 다당류를 아주 작은 단당류로 잘라 주는 역할을 합니다.

그런데 막 싹이 돋아난 겉보리에는 이 효소가 놀라울 정도로 많이 들어 있습니다. 어느 시기에 가장 많은 효소가 들어 있나 실험으로 알아보면 싹의 크기가 겉보리 크기의 1~1.5배쯤일 때라는 것을 알 수 있습니다. 우리 조상들은 이 효소의 존재나 역할을 몰랐겠지만 싹의 크기가 겉보리의 1~1.5배가 될 때 말려야 한다는 사실을 알고 있었습니다.

효소들의 기능을 잃지 않으면서 잘 보존하려면 겉보리가 더 이상 자라지 않도록 말리되 저온에서 말려야만 합니다. 따라서 겨울 볕에서 차갑게 말린다는 대목도 과학적으로 아주 잘 맞아떨어집니다. 또한 효소들은 물에 잘 녹는 수용성 단백질이기 때문에 물과 잘 섞어 가면서 우려내면 엿기름물 속으로 잘 빠져 나오게 됩니다. 엿기름물은 이러한 효소들과 이당류, 단당류들이 혼합된 용액인 것입니다.

밥이 설익으면 이러한 효소가 잘 침투할 수 없기 때문에 식혜를 만들기 위해서는 밥이 아주 잘 익어야 합니다. 아밀라아제가 가장 잘 작용하기 위해서는 섭씨 60도 정도의 온도가 되어야 하는데 군불을 지핀 아랫목에 놓고 이불을 덮으면 딱 그 정도의 온도가 됩니다.

밥이 삭는다는 것은 익은 쌀알 속에 있는 녹말이 엿기름 안에 있던 아밀라아제에 의해 잘게 분해되는 것을 뜻합니다. 음식을 먹은 뒤 식혜를 먹으면 달콤한 맛이 나면서 음식의 소화가 잘 됩니다. 이미 분해가 잘된 단당류나 이당류들이 식혜 속에 많이 들어 있고 또 그 안에 있는 아밀라아제가 우리의 소화를 돕기 때문입니다.

어떻습니까? 식혜를 과학 용어들로 설명하니 아주 놀라울 정도로 과학적인 음식이라는 생각이 들지 않습니까?

하지만 제가 식혜를 분석하면서 하고 싶은 이야기는 '식혜라는 음식이 과학적이다.'라는 말이 아닙니다.

제가 하고 싶은 이야기는 우리 조상들이 식혜를 만들고 개량해 나가면서 반복했던 것이 바로 '탐구하기'라는 점입니다. 체험을 통한 그들의 발견은 과학사에 남을 여러 발견 못지않게 소중하고 값집니다. 그들은 생활 속에서 이러한 발견들을 거듭하며 살았습니다. 이런저런 아이디어로 많은 시도를 하며 결국 더 맛있는 식혜를 만들어 냈을 때 그들은 참 즐거웠을 겁니다.

주위에서 찾아볼 수 있는 발견의 다른 예로 어부들의 경우를 생각해 보지요. 고기를 잡는

어부들이 바다의 변화를 늘 자세히 살피
고, 바다에 깊은 관심을 지니는 것은 당
연한 일입니다. 뉴턴이 만유인력이나
물리학의 제반 법칙에 대해 골
몰하던 모습과 다를 바가 없
습니다.

　바다와 거의 한 몸이 될 정도로 바다를 생각하는 뱃사람들은 바다
와 관련된 자연현상들을 체험을 통해 발견합니다. 보름달이나 그믐
달이 뜰 때면 조수간만의 차가 가장 커진다는 사실을 뱃사람들은 아
주 잘 알고 있습니다. 그들은 조석 현상이 달과 지구 사이에 존재하
는 힘 때문에 발생한다는 사실을 모를 수도 있습니다.

　하지만 저는 그들이 바다에 대한 꾸준한 관찰과 체험을 통해 바다
의 법칙을 발견하는 과정을 일종의 탐구하기라고 생각합니다. 늘 관
심과 애정을 갖고 바다에서 일어나는 일들을 관찰하고 체험하면서
그 안에 숨어 있는 규칙을 깨닫고 발견한 것입니다.

우리가 바로 탐구자

우리가 일상생활을 하면서 맛볼 수 있는 발견들도 있습니다. 섭씨 4
도의 저온실에서 한참 실험을 하다가 밖으로 나오면 어김없이 안경

에 뿌연 김이 서립니다. 여름철 나들이 길에 종이컵에 따른 콜라를 마시다 보면 컵 바깥쪽이 눅눅해지는 것을 볼 수 있습니다. 추운 겨울 자가용에 온 가족이 올라탄 채 조금 가다 보면 차 유리창이 뿌옇게 되는 것을 볼 수 있습니다.

이런 현상들은 모두 같은 이유로 벌어진 일들입니다. 더운 곳에 있는 수증기가 차가운 곳과 만나는 경계 지점에서 물방울로 응결하는 현상입니다. 더운 공기와 차가운 공기가 만나는 전선에서도 비슷한 현상이 벌어집니다. 전선에서 더운 공기가 차가운 공기 위로 올라가면서 응결된 것이 구름이고, 그것이 어느 도를 넘어서면 비가 되어 내리는 것이지요. 겨울철 닫힌 유리창에 응결된 물방울도 마찬가지 이유로 설명할 수 있습니다.

이처럼 우리 일상에서 벌어지는 현상들을 관심을 가지고 관찰하고 분석하다 보면 그 속에 있는 규칙을 발견할 수 있습니다. 그 규칙의 특징은 계속 반복되고 다양한 사물을 통해 재현된다는 것입니다. 우리의 일상 역시 많은 반복과 재현 속에서 이뤄집니다. 그렇기 때문에 우리 주위에 있는 다양한 사물들에 관심을 가지고 지켜보면 이러한 규칙을 발견할 수 있습니다.

과학자들이 하는 실험 역시 이것과 크게 다르지 않습니다. 실험의 가장 큰 특징은 반복과 재현에 있습니다. 실험이 다루는 대상에 어떤 규칙과 법칙이 있다면 그것은 반드시 반복되고 다른 환경 속에서도 재현되어야 하기 때문입니다.

뉴턴, 아르키메데스나 케쿨레가 한 발견과 우리가 일상생활에서 체험하게 되는 발견 사이에서 아주 중요한 공통점을 찾아볼 수 있습니다. 그것은 바로 이러한 발견은 준비된 사람에게만 찾아온다는 점입니다.

사실 일상에서 찾아볼 수 있는 발견은 셀 수도 없이 많습니다. 하지만 우리가 모두 그것들을 깨달은 채 살아가는 것은 아닙니다.

앞서 질문을 되찾기 위해서 필요한 것들에 대하여 말했습니다. 주변의 사물들에 관심과 애정을 지니고, 죽어 있는 지식의 껍질을 벗기고, 일상 속에 담겨 있는 질문들에 주목할 수 있어야 우리는 보고 느끼고 체험하는 여러 과정을 통해 일상생활에서 비로소 발견의 즐거움을 맛볼 수 있습니다.

준비됐나요?

앞서 탐구하기란 놀이와 유사하다는 이야기를 했습니다. 이 놀이는 사실 여러분이 살아가는 일생에 한시도 빠짐없이 벌어지고 있습니다.

이 놀이는 여러분을 둘러싸고 있는 온갖 크고 작은 세상 사물들과 생명체들과 함께 벌이는 것입니다. 그런데 우리는 언제부턴가 앞서 말했던 여러 가지 이유로 말미암아 그 놀이를 잊어버린 채 살고 있습니다.

탐구하기는 놀이하듯 즐겁게 우리를 포함한 세상을 발견하는 여행길입니다. 그런데 잘 생각해 보면 놀이는 친구들과 하는 것입니다. 주위의 온갖 사물들과 생명체들이 바로 그 놀이에서 여러분의 짝이 되는 친구들입니다.

탐구하기란 이 친구들에게 관심을 보이고 애정을 가지고 말을 거는 것으로부터 시작됩니다. 그렇게 하는 순간 여러분에게 있던 죽은 지식은 껍질을 벗기 시작할 것입니다. 여러분의 일상들이 새롭게 보이기 시작할 것입니다.

자, 그러한 변화를 느끼셨다면 여러분은 준비가 된 것입니다. 이제 즐겁게 질문을 하며 탐구하기의 멋진 길을 갈 수 있습니다. 그 길을 가다 보면 여러분은 문득 발견하게 될 것입니다. 세상에 우뚝 선 여러분 자신의 모습, 그리고 여러분을 감싸 안은 채 조화롭게 변화해 가는 세상의 모습을. 그 모습은 탐구하는 자의 눈에만 보이는 비밀스럽고 사랑스러운 모습입니다.

탐구하기,
열정과 우정이 함께하는 여행

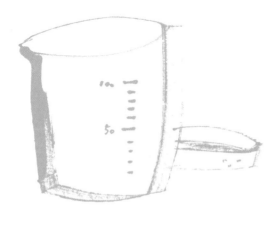

이 책을 쓰다 그만 새벽이 되어 버린 적이 있습니다. 연구실 창밖으로 눈이 하염없이 와서 그러려니 했는데 집에 가려고 나와 보니 온통 세상이 하얗고 도무지 앞이 분간되지 않았습니다. 이런 사정을 무시하고 차를 몰고 가다 금세 후회하고 말았습니다. 길도 보이지 않고 나무도 산도 하늘도 모두 한결같이 하얗기만 했으니까요.

다시 돌아갈까 여러 차례 망설이면서 조금씩 가다 보니 저 멀리 거북이걸음으로 가고 있는 다른 차가 보였습니다. 저는 그 차가 지나간 길 위를 천천히 달렸습니다. 아마 앞서 가던 차는 또 다른 앞선 차의 흔적을 따라 거북이걸음을 하고 있었겠지요.

탐구를 하는 것도 사실 이와 비슷합니다. 탐구자 앞에 놓인 세상은 눈 때문에 분간이 안 되는 풍경과 비슷합니다. 이런 상황에서 탐구자가 자신의 분별력에만 의존하다간 큰코다치기 십상입니다. 선배 탐구자들이 간 길을 따라 가다 보면 수수께끼 같던 길들의 윤곽을 조금씩 잡을 수 있습니다. 물론 사람마다 가려는 목적지가 제각기 다르겠지만 크게 문제가 되지 않습니다. 우리가 사는 집들이 길을 통해 서로서로 이어져 있듯이 탐구의 목적지도 연결되어 있기 때문입니다.

세상에는 여러 종류의 공동체가 있습니다. 탐구자들의 공동체도 그중 하나겠지요. 언제나 진리가 승리할 것이라는 믿음으로 탐구를 하는 사람들의 공동체는 어찌 보면 수도승들의 공동체를 닮기도 했습니다. 이런 생각을 갖게 된 것은 영국에서의 경험 때문입니다.

저는 영국의 MRC-LMB에서 2001년부터 6년여 동안 실험을 했습니다. MRC-LMB가 1947년 설립된 뒤 13명의 연구원이 이곳에서의 연구로 노벨상을 탔습니다. 모두 합쳐 300명 남짓의 연구원들이 4층짜리 건물에서 오밀조밀하게 실험하는 연구소라는 사실을 감안하면 참 놀라운 일이지요. 노벨상이 과학 연구의 목표라거나, 노벨상을 기준으로 과학 탐구의 질을 단정 짓는 것에는 찬성하지 않지만, 노벨상이 과학사에 획을 긋는 중요한 연구에 주어진다는 사실을 인정한디면 말이지요.

혹 이런 질문을 할지 모르겠습니다. "작은 연구소에서 짧은 기간 동안 그렇게 많은 노벨상을 어떻게 탈 수 있었습니까?"

MRC-LMB가 대단한 것은 노벨상을 13개나 탔기 때문이 아닙니다. 그곳에서 탐구하는 동안 탐구자들은 끊임없이 기쁨을 느끼며, 자신도 모르게 탐구중인 미지의 대상을 향한 열정에 사로잡힌다는 사실입니다. 이것은 불가사의한 일입니다. 보통 탐구는 고되고 실패의 연속이기 쉽습니다. 높고 험한 산을 오르는 것과 마찬가지지요.

그런데 높고 험한 산을 오를 때 앞서 오르기 시작한 사람들이 시련을 극복하고 험로를 개척하며 오르는 모습을 뒤따라 오르는 사람들이 직접 두 눈으로 보고 있다면 어떨까요? 앞서 올라간 사람들이 굳이 자일을 내려 주거나 손을 내밀어 잡아 주지 않아도 그 모습을 보고 있던 사람들은 산을 오르는 일로부터 두려움이나 절망보다는 즐거움이나 희망을 느끼지 않을까요?

제가 MRC-LMB에서 경험한 탐구도 마찬가지입니다. 분명히 길이 있고, 더욱이 앞서 올라간 사람들이 마지막 순간까지 행복한 모습으로 그 길을 가는 모습을 보면 열정이 생기지 않을 수 없겠지요. 그리고 무엇보다 중요한 사실은 앞서 올라간 사람들이 뒤따라 오르는 사람들의 친구라는 점이지요. 그들 사이에는 먼저 성취한 자의 권위나 통제 그리고 그에 대한 순종 대신, 누구도 말릴 수 없는 우정이 있었습니다.

제 경험을 통해 얻은 '탐구하는 것'에 대한 생각들을 제 사랑하는 딸을 비롯하여 제 후배들에게 나눠 주기 위해서 이 책을 썼습니다. 과학 기술이나 실험 등을 떠올리면 삭막하고 어렵고 따분하다는 생각을 먼저 하지요.

하지만 '탐구하는 것'은 앞서 말했듯이 뜨거운 열정과 따스한 동료애, 그리고 베일 벗은 세상 사물들의 눈부신 아름다움과 따로 뗄 수 없을 만큼 긴밀하게 관련되어 있습니다. 또한 탐구를 통해서 드러나는 것은 바로 우리 자신과 우리를 둘러싼 세상의 모습입니다.

많은 후배들이 이 책을 통해 '탐구하는 것'과 관련된 오해를 풀고 그 안에 담긴 따스한 애정과 우정 그리고 모든 장식을 다 벗어 버린 자신과 세상의 모습을 발견하는 계기가 되길 바랍니다.

과학자 작은 사전

● **찰스 다윈**(1809~1882)

"나는 종이 변화한다는 것을 거의 확신하고 있소. 이 이야기를 하자니 마치 살인을 고백하는 심정이오."

1844년 다윈이 그의 친구 조지프 후커에게 보낸 편지에 담긴 내용입니다. 다윈이 비글호 항해를 마치고 돌아온 해는 1836년입니다. 다윈의 대표작인 『종의 기원』이 출간된 것은 1859년입니다. 항해를 마치고는 23년, 후커에게 편지를 쓴 지 15년 후의 일이지요. 다윈은 무엇 때문에 그 오랜 시간 동안 자신의 발견을 책으로 내는 것을 망설였을까요?

탐구자가 밝혀낸 세상의 비밀이 세상의 입맛에 맞지 않을 때, 아니 더 나아가 세상의 체제를 뿌리째 뒤흔들 것이라 예상할 때, 그 탐구자는 깊은 번민에 빠질 것입니다. 다윈의 경우가 대표적인 예입니다. 그의 진화론을 발표하면 세상은 그를 무신론의 대표처럼 비난하고 손가락질할 것이 뻔했습니다. 하지만 온갖 억측과 비방을 감수하면서 결국 그는 자신의 발견을 세상에 알렸습니다.

"본능의 가장 중요한 모습은 어떤 속박도 받지 않은 상태로 우리의 이성을 좇는 것입니다." 세상의 보이지 않는 압력을 떨쳐 버리려는 그의 마음을 잘 담은 고백입니다. 비글호 항해로부터 발견한 사실들과 그로부터 결론지은 진화론을 다윈은 이성의 명령을 좇아 세상에 알렸습니다. 우리는 그 덕택에 인간은 세상의 다른 생명체들과 질적으로 구분되는 특별한 존재가 아니며, 주위 자연과 끊임없이 관계를 맺으며 변화하는 존재라는 아주 중요한 사실을 알게 되었습니다.

● **레옹 푸코**(1819~1868)

프랑스 파리에서 태어난 물리학자입니다. 그는 푸코의 추를 발명한 것 말고도 빛의 속도를 재는 장치를 발명했으며, 자기장을 바꿔 줄 때 전도체 주변에서 발생하는 전류의 흐름을 최초로 분석하기도 하였습니다. 그는 이렇게 말했습니다.

"(자연) 현상은 조용히 눈에 보이지 않게 벌어진다. 사람들은 자연 현상을 느낄 수 있다. (주의 깊은) 사람들은 이것이 처음 일어난 순간부터 아주 꾸준히 진행되어 가고 있다는 것을 알아챌 수 있다. 이것은 그 누구의 힘에 의해서도 더 빨라지거나 느려질 수 없는 것이다."

그가 추의 움직임을 통해 지구의 자전을 보여 주려 한 이유를 잘 담고 있는 말입니다.

● 루이 파스퇴르(1822~1895)

파스퇴르는 평생에 걸쳐, 감염 질환을 일으키는 원인이 다름 아닌 박테리아나 바이러스 같은 미생물임을 밝히고, 그것을 예방하거나 치료하기 위한 방법을 찾기 위해 애썼습니다. 그는 다섯 명의 아이들 가운데 둘을 장티푸스로 잃었습니다. 이러한 비극을 딛고, 치밀하고 치열한 탐구를 통해 훗날 숱한 생명을 살리는 연구 결과들을 얻었습니다.

유기물들을 뒤섞어 놓으면 미생물들이 자연적으로 발생한다는 이전의 학설을 그는 실험을 통해 바로잡았습니다. 상상의 세계를 구체적인 탐구를 통해 올바르게 교정한 것입니다.

미생물들이 음식물에서 자라나 반응하는 과정을 통해 발효를 설명했고, 생각을 발전시켜 미생물들이 몸속에서 자라나 반응하는 과정을 통해 감염성 질병에 대한 여러 가지 사실을 밝혔습니다. 더 나아가 그는 광견병을 일으키는 미생물의 능력을 약화시켜 광견병 치료용 백신을 만들어 아주 많은 생명을 구하였습니다.

"상상은 우리의 생각에 날개를 달아 줍니다. 하지만 우리는 언제나 실험을 통해서 뚜렷한 증거를 얻어야 합니다."라는 그의 말처럼 그는 풍부한 상상력의 소유자이면서 언제나 실험을 통해 얻은 결과를 통해 그 상상을 가다듬고 올바르게 고치는 일에 소홀하지 않았습니다. 그가 위대한 발견들을 할 수 있었던 이유입니다.

● 프리드리히 아우구스투스 케쿨레(1829~1896)

케쿨레는 자신과의 대화, 그리고 주변 동료 과학자들과의 대화에 아주 능했던 사람인 것 같습니다. 그는 두 번의 꿈에서 '분자 구조식' 및 '벤젠 사슬 구조'에 대한 아주 중요한 실마리를 얻었습니다. 런던에서 연구를 하던 중 절친한 동료 과학자인 휴고 뮬러의 집에서 오랜 시간 화학 연구에 대한 얘기를 나누다 막차를 타고 집으로 돌아오는 길에 깜박 잠에 빠졌습니다. 그때 분자 구조식을 떠올리게 해 준 꿈을 꾸었습니다.

또 한번은 벨기에 겐트 대학의 연구실에서 실험을 구상하던 중 깜박 잠에 빠졌다가 벤젠 사슬 구조를 떠올리게 해 준 꿈을 꾸었습니다. 두 꿈에 공통점이 있다면 그가 아주 쉼 없이 골똘히 생각하던 것들이 꿈속에서 환영처럼 떠올랐다는 점입니다. 자신과의 대화에 온 마음을 다 쏟아부은 결과겠지요.

케쿨레의 일생을 설명할 때 그의 친구와 스승 그리고 제자들의 이야기를 빠뜨릴 수 없습니다. 그는 열여덟 살에 건축학을 배울 생각으로 기센 대학에 입학합니다. 마침 그 대학에서 화학을 가르치던 유스투스 폰 리비히의 영향을 받아 화학자가 되기로 결심합니다. 이후 파리에서는 장 밥티스트 뒤마와 샤를 게르하르트의 지도를, 런던에서는 알렉산더 윌리엄슨의 지도를 받습니다.

그는 늘 주위 사람들과 화학에 대한 생각을 나누었고, 대화와 협력을 통해 새로운 아이디어를 얻고 새로운 실험을 계획하였습니다. 그는 아주 훌륭한 선생님이기도 했습니다. 제자 중 세 사람(야코뷔스 반트호프, 에밀 피셔, 아돌프 폰 베이어)이 노벨 화학상을 받았습니다.

● **존 윌리엄 스트럿 레일리 경**(1842~1919)

'경'이라는 호칭에서 알 수 있듯이 레일리 경은 영국의 전통적인 귀족 가문에서 태어나 작위 세습권을 가지고 있던 사람입니다. 즉, 자신의 널따란 영지를 관리하고 하인을 부리며 살 수 있었지요. 하지만 그는 귀족의 편안한 삶 대신 탐구하는 삶을 택하였습니다. 그의 발견이나 연구 업적을 살펴보면 참으로 대단합니다.

그는 아르곤을 발견하여 노벨 물리학상을 받았고, 레일리 산란 현상과 지진의 표면파인 레일리파를 발견하기도 했습니다. 그리고 활성 질소를 이용하여 물질들 간의 반응 중에 나타나는 전기적 현상을 발견하여 알리기도 했습니다. 그 외에도 레일리 기준, 레일리 분포, 레일리수, 레일리-진스의 법칙, 복식이론, 레일리흐름, 레일리원판 등의 개념이나 장치들을 창안하였습니다. 한 사람의 탐구자가 모두 다 했다고 하기에는 정말 대단하지요.

그가 영국 왕실로부터 메리트 훈장을 받으면서 한 말을 엿듣는다면 왜 귀족의 호화찬란한 삶 대신 일생 동안 그토록 많고 다양한 자연 현상의 탐구에 깊이 빠져들었는지 이해할 수 있을 것입니다.

"탐구를 하며 느낀 기쁨만으로 나는 이미 노력의 대가를 받았으며, 내가 탐구로부터 얻은 모든 연구 결과는 나 자신이 물리학자가 되었다는 기쁨으로부터 나온 것입니다."

● **막스 플랑크**(1858~1947)

독일 출신 물리학자인 막스 플랑크는 양자 이론의 창시자로 알려져 있습니다. 그는 어려서부터 음악에 재능이 뛰어났습니다. 하지만 대학에 입학할 무렵 그는 음악 대신 물리학을 공부하기로 마음먹었지요. 뮌헨 대학 물리학과의 필리프 폰 욜리 교수는 그러한 결심을 한 막스 플랑크에게 "물리학 분야에서 거의 모든 것이 이미 발견되었다. 남은 것은 얼마 안 되는 구멍을 메우는 일뿐이다."라고 충고를 합니다.

이에 막스 플랑크는 "저는 새로운 사실을 발견하기를 원치 않습니다. 다만 물리학계에서 이미 알려진 여러 기초 원리들에 대해 제대로 이해하고 싶을 따름입니다."라고 대답했습니다. 본문에 소개한 "자연의 법칙은 인간이 발명한 것이 아니라, 자연에 의해 인간에게 주어진 것이다."라는 말과 서로 통하는 생각입니다.

그의 이야기처럼 탐구자의 역할은 새로운 것을 발견하는 것이라기보다 그 주변의 사물들에 대해 올바로 이해하는 것입니다. 아무리 위대하고 천재적인 과학자가 자연을 관통하는 법칙이나 원리를 발견한다 해도, 없던 것을 새로 발견했다기보다 이미 우리 주위에 있었던 사물들을 더 잘 이해하도록 우리를 이끌어 준 것일 테니까요.

● **막스 페루츠**(1914~2002)

오스트리아 빈에서 태어난 막스 페루츠는 빈 대학교를 다니던 중 영국 케임브리지 대학의 홉킨스 경이 탐구한 유기 생화학에 매료됩니다. 결국 케임브리지로 유학을 가서 과학자 J.D. 버널을 만납니다. 버널은 X선 회절 이론을 이용하여 생체 내에 있는 단백질 등의 구조를 밝히면 어떨까 하는 아이디어를 가지고 있었습니다.

막스 페루츠는 버널의 아이디어를 생체 물질에 적용하여 1959년 미오글로빈과 헤모글로

빈의 구조를 최초로 밝혀냈습니다. 이는 인류 역사상 최초로 밝혀진 단백질의 구조입니다. 그의 발견으로 우리 몸속 눈에 보이지 않는 물질을 눈에 보이는 모습으로 재구성할 수 있게 되었습니다.

막스 페루츠가 이 연구를 하는 데 25여 년이 걸렸습니다. 그가 연구하던 1950년대에는 지금과 같은 성능 좋은 컴퓨터가 없었습니다. 그래서 그는 동료인 켄드루 박사와 함께 110개의 미오글로빈 결정을 만들고 2만 5천 장의 X선 회절 필름을 분석해야 했습니다. 탐구에 대한 열정이 없었다면 불가능한 일이었겠죠. 그는 일생의 마지막 순간까지 그 열정을 놓지 않았습니다.

제가 MRC-LMB에서 실험을 하던 2001년에 연구소 맨 꼭대기 층에 있던 구내식당에서 막스 페루츠를 볼 수 있었습니다. 86세의 고령이었음에도 오전 티타임과 점심시간이면 어김없이 식당에 나타나 후배 연구자들과 이런저런 토론을 했습니다. 이런 모습을 통해 저는 무엇보다 끊이지 않는 탐구에 대한 열정을 배울 수 있었습니다.

● **제임스 왓슨**(1928~)**과 프랜시스 크릭**(1916~2004)
19세기 후반 DNA라는 물질이 처음으로 발견되었습니다. 1943년에 오즈월드 에이버리와 동료 과학자들은 실험을 통해 DNA가 유전 정보라는 사실을 처음으로 입증하였습니다. 그로부터 10년 뒤 제임스 왓슨과 프랜시스 크릭은 DNA의 X선 회절 사진을 분석하여 이것이 이중나선 구조로 되어 있다는 제안을 하고, 여러 계산을 거쳐 DNA의 입체 구조를 밝혀 세상에 알렸습니다.

이러한 발견은 분자 생물학을 탄생시키는 데 크게 기여했습니다. 생명체 안에서 이뤄지는 여러 현상을 분자들의 반응을 통해 설명하는 것이 분자 생물학이고, 모든 생체 물질의 첫 출발점에 해당하는 분자가 DNA일 테니까요.

왓슨과 크릭이 DNA구조를 밝히는 데 결정적인 역할을 한 것은 로절린드 프랭클린의 X선 회절 사진입니다. 이 사실을 두고 어떤 사람들은 그들이 로절린드의 노벨상을 가로챘다고 얘기하기도 합니다. 하지만 저는 그 의견에 찬성하지 않습니다. 실험과 그 결과에 대한 분석 모두 탐구하기의 중요한 요소입니다.

프랜시스 크릭은 DNA구조를 분석하고 완성하는 데 크게 기여했을 뿐 아니라 분자 생물학의 중심 원리를 처음으로 제안하기도 했습니다. DNA에서 RNA가 전사되고, RNA에서 단백질이 번역되는 원리를 이론적으로 제안하였습니다.

이처럼 과학자의 역할은 실험 결과를 치밀하고 정확하게 분석하고 해석하는 일뿐 아니라, 어떤 발견으로부터 또 다른 원리나 가설을 생각해 내는 것까지를 아우릅니다. 크릭은 이러한 역할을 잘 수행한 과학자의 대표적 본보기일 것입니다.

● 세자르 밀슈타인(1927~2002)

아르헨티나 태생의 생화학자였던 밀슈타인은 독재 치하의 정치적 억압을 피해 영국 케임브리지로 오게 됩니다. 그곳에서 프레더릭 생어라는 스승을 만나고 그의 권유에 따라 면역학으로 전공을 바꿉니다. 면역학의 핵심 연구 주제 중 하나는 '항체를 만드는 B세포가 어떻게 발생되는가?' 입니다. 밀슈타인은 평생에 걸쳐 이 주제를 연구했습니다.

그 과정에서 항체를 만드는 비장 내의 B세포와 '미엘로마' 라고 불리는 일종의 암세포를 융합시켜 끊임없이 많은 양의 항체를 얻을 수 있는 기법을 발명하였습니다. 이것이 바로 단일 클론항체 제작 기법입니다. 그는 1984년 노벨상 수상 연설에서 스승인 프레더릭 생어와 그가 연구하던 연구소의 소장이었던 막스 페루츠에게 감사의 말을 전하며 이렇게 말했습니다.

"나는 늘 다음과 같은 무언의 격려를 그들로부터 들었습니다. '좋은 연구를 해라. 그리고 그 나머지는 걱정하지 마라.'"

밀슈타인은 심장 발작으로 세상을 뜨기 이틀 전까지 75세의 나이에도 실험실에 나와 평생 실험 동지인 존 자비스와 같이 실험을 논의하고 이끌었습니다.

● 제인 구달(1934~)

영국의 동물학자로, 탄자니아에서 40년이 넘는 기간을 침팬지와 함께한 세계적인 침팬지 연구가이며, 환경 운동가이기도 합니다. 제인 구달을 생각하면 떠오르는 기억이 있습니다. 케임브리지의 킹스칼리지에서 강연을 듣고 그녀와 사진을 찍기 위해 줄을 섰습니다. 대략 헤아려도 족히 30~40명은 되는 사람들이 그녀와 인사를 나누고 옆에 앉거나 선 채 사진을 찍었습니다. 제 차례가 오기까지 30분은 기다린 것 같았습니다.

그런데 놀랍게도 그녀는 시종일관 아주 평온한 미소를 잃지 않고 있었습니다. 그렇게 놀란 것은 저뿐만이 아니었습니다. 그녀와 관련된 책을 읽다 이런 대화를 본 적이 있습니다.

"당신에게 사인을 받기 위해 몰려드는 그 많은 사람들 앞에서 어떻게 한시도 평온함을 잃지 않을 수 있습니까?"

그녀는 이렇게 답했습니다.

"이 평온함은 제가 그동안 줄곧 머물던 숲으로부터 얻은 것입니다."

그녀는 여든이 가까운 나이에도 아직도 1년 중 300일 정도를 세상 곳곳을 돌며 자연 생태계의 보존을 위해 강연을 한다고 합니다. 숲에서 배우고 얻은 그 미소와 평온을 만나는 사람들에게 나누어 주면서 말이죠.

이 책을 쓰면서 아래 책들의 도움을 받았습니다. 모르던 소재에 대해 아이디어를 얻기도 하고, 제 생각을 굳건히 하는 데 도움이 되기도 했습니다. 여러분도 한번 읽어 보기를 권합니다.

『과학에 크게 취해』
● 막스 페루츠 지음, 민병준 · 장세헌 옮김, 솔
막스 페루츠의 체취가 느껴지는 책입니다. 특히 그의 스승인 J.D. 버널에 대해 쓴 글을 읽다 보면 서로 얼마나 신뢰하고 존중했는지를 알 수 있습니다.

『과학자는 인류의 친구인가 적인가?』
● 막스 페루츠 지음, 민병준 · 장세헌 옮김, 솔
막스 페루츠의 관심은 실험실 안에만 갇혀 있지 않았습니다. 핵에너지나 생물학 무기처럼 과학 연구의 결과물이 사회에 지대한 영향을 미치는 경우마다 깊은 관심을 기울였고 자신의 목소리를 냈습니다. 이 책에서 그가 낸 목소리를 들어 볼 수 있습니다.

『기니피그 사이언티스트』
● 레슬리 덴디 · 멜 보링 지음, 최창숙 옮김, 다른
이 책에는 과학자가 어떤 현상의 배후에 있는 비밀을 밝혀내고자 애쓰는 모습들이 잘 담겨 있습니다.

『나는 왜 이런게 궁금할까』
● 마르틴 보레 · 토마스 라인테스 엮음, 한윤진 옮김, 플래닛 미디어
이 책에는 알고 나면 참 놀라운 과학 상식들을 찾아볼 수 있습니다. 성인 남자 한 사람이 하루 동안 호흡이나 땀으로 배출하는 수분이 0.5리터라는 사실도 이 책으로부터 알아낸 것입니다.

『세상에서 가장 아름다운 실험 열 가지』
● 로버트 P. 크리즈 지음, 김명남 옮김, 지호
구체적인 예들을 통해 탐구와 실험이 아름다울 수 있음을 알 수 있습니다. 이 책에서 푸코의 추 이야기를 읽고 도움을 받을 수 있었습니다.

『세상을 바꾼 위대한 과학 에세이』
● 마틴 가드너 지음, 전동렬 옮김, 파워북
위대한 탐구자들의 육성을 들을 수 있는 책입니다. 특히 저는 루이스 토머스의 수필을 읽으며 깊은 감동을 받았습니다.

그림을 그린 **강전희** 선생님은

부산대학교에서 디자인을 공부했습니다. 애정 가진 곳이 많아 여러 가지를 '탐구'하느라 바쁜 그림 작가입니다. 지은 책으로 「한이네 동네 이야기」와 「어느 곰인형 이야기」가 있으며, 「춘약이」 「울지 마, 별이 뜨잖니」 「종의 기원」 「마주 보는 세계사 교실」 등에 그림을 그렸습니다. 이 책 앞표지(사람), 뒤표지, 본문 1, 4, 21, 28, 41, 46, 48, 52~53, 62, 70~71, 82, 96~97, 110~112, 115쪽에 그림을 그렸습니다.

그림을 그린 **정지혜** 선생님은

서울에서 태어나 자랐고, 대학에서 만화예술을 공부했습니다. 그림으로 아이들과 소통하는 다양한 길을 찾으면서 그림책을 그리고 있습니다. 그동안 「어린이집 바깥 놀이」 「골목에서 소리가 난다」 「연보랏빛 양산이 날아오를 때」 「나는야, 늙은 5학년」 등의 책에 그림을 그렸습니다. 이 책 앞표지(나뭇잎), 본문 3, 9, 10, 15, 16, 35, 36, 57, 58, 77~78, 103~104, 117, 123쪽에 그림을 그렸습니다.

탐구한다는 것
남창훈 선생님의 과학 이야기

2010년 4월 27일 제1판 1쇄 인쇄
2019년 6월 5일 제1판 15쇄 발행

지은이	남창훈
그린이	강전희, 정지혜
펴낸이	김상미, 이재민
기획	고병권
편집	김세희
디자인기획	민진기디자인
마케팅	김효근
종이	다올페이퍼
인쇄	청아문화사
제본	광신제책
펴낸곳	너머학교
주소	서울시 서대문구 증가로20길 3-12
전화	02)336-5131, 335-3366, 팩스 02)335-5848
등록번호	제313-2009-234호

ISBN 978-89-94407-01-2 44400
ISBN 978-89-94407-10-4 44100(세트)